人生和性爱的难题

周国平 著

周国平人文讲演录 II

长江出版传媒
长江文艺出版社

图书在版编目（CIP）数据

人生和性爱的难题 / 周国平著. -- 武汉 ：长江文艺出版社，2019.12
（周国平人文讲演录）
ISBN 978-7-5702-1220-0

Ⅰ. ①人… Ⅱ. ①周… Ⅲ. ①人生哲学－通俗读物
Ⅳ. ①B821-49

中国版本图书馆 CIP 数据核字(2019)第 206359 号

责任编辑：周 聪 秦文苑　　责任校对：毛 娟
封面设计：白砚川　　责任印制：邱 莉 胡丽平

出版：长江出版传媒 | 长江文艺出版社
地址：武汉市雄楚大街 268 号　　邮编：430070
发行：长江文艺出版社
http://www.cjlap.com
印刷：武汉市首壹印务有限公司

开本：640 毫米×970 毫米　1/16　印张：19　插页：1 页
版次：2019 年 12 月第 1 版　　2019 年 12 月第 1 次印刷
字数：163 千字

定价：39.80 元

出版说明

在周国平的哲学普及和思想传播工作中，讲演是一个重要组成部分。作者花费大量的工夫，根据各次讲演的提纲和现场录音，整理出主要的文字稿，结集为“周国平人文讲演录”系列出版。综合考虑讲演的时间顺序和主题，本系列分为四册，即：一、《人身上最宝贵的东西》；二、《人生和性爱的难题》；三、《幸福的哲学》；四、《阅读，作为信仰》。

目 录

第一辑 谈人生 / *001*

人生的哲学难题 / 003

信仰和人生的意义 / 022

现代人的幸福观和财富观 / 041

哲学与人生 / 086

第二辑 谈尼采 / *121*

尼采的哲学贡献 / 123

尼采伟大在哪里 / 139

一个哲学家眼中的艺术 / 159

二十世纪中国知识分子对尼采和 / 201

欧洲哲学的接受 / 201

第三辑　与中学生谈写作 / 207

第一讲　写作与精神生活 / 209

第二讲　写作与自我 / 215

第三讲　写作与风格 / 219

第四讲　写作与读书 / 223

第四辑　性爱四讲 / 227

第一讲　谈爱情 / 229

第二讲　谈婚姻 / 249

第三讲　谈女性 / 267

第四讲　谈孩子 / 282

第一辑　谈人生

人生的哲学难题

前　言

人活一生，会遇到许多难题。有实际生活中发生的具体的难题，例如人生某个关头的抉择，婚姻啊，事业啊，也许解决起来难一些，但或者是可以解决的，或者事过境迁未解决也过去了，不会老缠着你。也有抽象的难题，那是在灵魂中发生的问题，其特点是：对于未发生这些问题的人，抽象而无用，对于发生了这些问题的人，却仿佛是性命攸关的最重要的问题；你要么从来不去想，倒也能平平静静过，可是一旦它们在你心中发生了，你就不得安宁了，因为它们其实是不可能最终解决的。

不可能最终解决——这正是哲学问题的特点。凡真正的哲学问题，其实都是无解的难题。要说明哲学问题的性质，最好的办法是把它和宗教、科学做比较。科学是头脑发问，头脑回答，只处理人的理性可以解决的问题。宗教是灵魂发问，灵魂本质上是情感，一种大情感，是对终极之物的渴望，对神秘的追问，宗教不要求头脑做出回答，它知道人的理性回答不了，只有神能回答，情感性的困惑唯有靠同样是情感性的信仰来平息。哲学也是灵魂在发问，却要头脑来回答，想给宗教性质的问题一个科学性质的解决，这是哲学的内在矛盾。

那么，哲学岂非自寻烦恼，岂非徒劳？我只能说，这是身不由己的，灵魂里已经发生了困惑，又没有得到神的启示，就只好用自己的头脑去想。对于少数人来说，人生始终是一个问题。对于多数人来说，一生中有的时候会觉得人生是一个问题。对于另一些少数人来说，人生从来不是一个问题。在座各位不妨问一问自己，你属于哪一种？确实有许多人认为，去想这些想不明白的问题特别傻，这种人活得最正常，我很羡慕。可惜我是属于欲罢不能的那一类，对人生的一些重大问题想了大半辈子仍想不通。不过，我的体会是，想不通而仍然去想还是有好处的。乘今天讲座的机会，我把我所想过的这类问题略加整理，与你们交流。预先说明：我只有问题，没有答案，即使说了一些想法，也是我拿不准的，不算答案。

人生中哲学性质的难题有很多，我姑且列举其中的一些：

一、人生的目的与信仰。人生有没有一个高于生命本身的目的？如果没有，人与动物有何区别？如果有，人的精神追求的根据是什么？怎样算有信仰？

二、死。既然死是生命的必然结局，生命还有没有意义？

如何克服对死的恐惧？应该怎样对待死？

三、命运。人能否支配自己的命运？面对命运，人在何种意义上是自由的？应该怎样对待命运？

四、责任。人活在世上要不要负责任，对谁负责，根据是什么？

五、爱。人因为孤独而渴望爱，爱能不能消除孤独？为什么爱总是给人带来痛苦？爱与被爱，何者更重要？婚姻是爱情的坟墓吗？

六、幸福。什么是幸福，它是主观体验，还是客观状态？幸福是不是人生最重要的价值？怎样衡量生活质量？

所有这些问题围绕着、并且可以归结为一个问题：人生意义。即人生有没有意义，如果有，是什么？对这些问题的思考构成了哲学中的一个重要领域，就是人生观。

人生观主要包含两层意思：第一，对人生的总体评价，即人生究竟有没有一种根本的意义。这个问题以尖锐的形式表现为哈姆雷特的问题："活，还是不活？"当一个人对生命的意义发生根本的怀疑时，就会面临活着是否值得的问题。人生有无意义的问题又分两个方面。一是因生命的短暂性而产生的问题：人的生命有无超越于死亡的不朽的、终极的价值？核心是死亡问题。二是因生命的动物性而产生的问题：人的生命有无超越于动物性的神圣的价值，人活着有没有比活着更高的目的和意义？核心是信仰问题。第二，对各种可能的生活方式的评价，即在人生的范围内，把人生作为一个过程来看，怎样生活更有意义，哪一种活法更好。核心是幸福（生活质量）问题。

对于人生有无意义的问题，大致上有三种回答：第一，绝对否定，如佛教，认为人生绝对无意义。第二，绝对肯定，如基督教，认为人生有来自神的绝对意义。第三，一般人（包括我）在此两极端之间，既不能确定有绝对意义，又不肯接受绝对无意义，哲学是为这种人准备的。按照前两种极端的回答，怎样生活更好的问题有很明确的答案，对于佛教是求解脱，断绝业报的轮回，对于基督教是信奉神，为灵魂在天国的生活做准备。对于第三种人来说，既然在人生总体评价上难以确定，就可能会更加看重在人生的过程中寻找相对的意义，也就是更关心尘世幸福的问题，不过对这问题的看法会有很大的分歧。

我今天讲人生观的几个最主要问题，即信仰问题、死亡问题、幸福问题。

一　信仰问题

问你：为什么活着，你活着的目的是什么？我相信绝大多数人回答不出。我也回答不出。的确常常有人问我这个问题，他们想，看你的书，对人生哲学谈得好像挺明白的，你一定知道自己为什么活着。可是事实上，我在这方面之所以想得多一些，正是因为困惑比较多，并不比别人更明白。在人生某一个阶段，每个人也许会有一些具体的目的，比如升学、谋职、出国，或者结婚、生儿育女，或者研究一个什么课题、写一本什么书之类。可是，整个人生的目的，自己一生究竟要成一个什么样的正果，谁能说清楚呢？

有些人自以为清楚。例如，要成为大富翁、总统，或者得诺贝尔奖。可是，这些都还不是最后的答案，人生目的这个问题要问的恰恰是，你为什么要成为大富翁、总统，得诺贝尔奖，等等？如果做富翁只是为了满足物质欲，做总统只是为了满足权力欲，得诺贝尔奖只是为了满足名声欲，那么，这些其实只是野心、虚荣心，只能表明欲望很强烈，不能表明想明白了为什么活着这个问题。亚历山大征服了世界，却仍然羡慕第欧根尼，正因为他觉得在想明白人生这一点上，自己不如第欧根尼。真正得诺贝尔奖的人，比如海明威、川端康成，决不会以得诺贝尔奖为人生目的，否则他们就不会自杀了。

还有一些人，他们从外界接受了某种现成的观念或信仰，信个什么教或什么主义，就自以为有明确的生活目的了。但是，在多数情形下，人们是因为环境的影响而接受这些东西的，这些东西与自己的灵魂、自己的生命实质是分离的，因而只是一种外在的、表面的东西，不能真正充实灵魂和指导人生。我不是责备人们，而是想说明，一个人要对自己整个人生的目的有明确而坚定的认识，清楚地知道自己究竟为什么活着，这是一件极难的事。那些自以为清楚的人，多半未做透彻思考。做了透彻思考的人，往往又反而困惑。

人生目的至少应该是比欲望高的东西，停留在欲望（生存欲望，名利欲是其变态）的水平上，等于是说：活着是为了活着。因此，问题的更明确的提法是：人的生命有没有一个高于生命本身的目的？如果没有，人就不过是活着而已，和别的动物没有什么根本的不同，至多是欲望更强烈（更变态）、满足欲望的手段更高明（更复杂）而已。

为生命确立一个高于生命本身的目的，可以有不同途径。其一是外向的，寻求某种高于个体生命的人类群体价值，例如献身于某种社会理想，从事科学真理的探索，进行文化艺术的创造，传播某种宗教信仰，等等。这相当于通常所说的救世，目标是人类精神上的提升。其二是内向的，寻求某种高于肉体生命的内在精神价值，例如追求道德上的自我完善，潜心于个人的宗教修炼或艺术体验，等等。这相当于通常所说的自救，目标是个人精神上的提升。凡高于生命的目的，归根到底是精神性的，其核心必是某种精神价值。这一点对于定向于社会领域的人同样是适用的。正像哈耶克所指出的，大经济学家往往同时也是大哲学家，他不会只限于关心经济问题，他所主张的经济秩序必定同时旨在实现某种人类精神价值。即使一个企业家，只要他仍是一个精神性的存在，即真正意义上的人，他就决不会以赚钱为唯一目的，而一定会希望通过经济活动来实现某种比富裕更高的理想，并把这看作成就感的更重要来源。一般的人，哪怕过着一种平庸的生活，仍会承认人不应该像动物那样生活，有精神追求的生活是更加高尚的。由此可见，目的的寻求是人要使自己摆脱动物性而向更高的方向提升的努力。那么，向哪里提升呢？只能是向神性的方向。现在的问题是，这样一种努力有什么根据？

从自然的眼光看，人的生命只是一个生物学过程，自然并没有为之提供一个高于此过程的目的。那么，人要为自己的生命寻找一个高于生命本身的目的，这种冲动从何而来？人为什么与别的动物不一样，不但要活着，而且要活得有意义？对于这个问题，多数哲学家的回答是：因为人是有理性的动物。但是，从起源和功能看，理性是为了生存的需要而发展出来的对外部环境的认识能力，其方式是运用逻辑手段分析经验材料，目的是趋利避害，归根到底是为活着服务的，并不能解释对意义（精神价值）的渴望和追求。于是，另一些哲学家便认为，原因不在人有理性，而在人有灵魂。与动物相比，人不只是头脑发达，本质区别在于人有灵魂，动物没有。可是，灵魂是什么呢？它实际上指的就是人的内在的精神渴望，可以称之为人身上发动精神性渴望和追求的那个核心。我们发现，灵魂这个概念不过是给人的精神渴望安上了一个名称，而并没有解释它的来源是什么。问题仍然存在：灵魂的来源是什么？

为了解释灵魂的来源，柏拉图首先提出了一种理论。他认为，在人性结构与宇宙结构之间存在着对应的关系，人的动物性（肉体）来自自然界（现象界），人的灵魂则来自神界（本体界），也就是他所说的“理念世界”。在“理念世界”中，各种精神价值以最纯粹的形式存在着。灵魂由于来自那个世界，所以对于对肉体生存并无实际用处的纯粹精神价值会有渴望和追求。柏拉图的理论后来为基督教所继承和发扬，成为西方的正统。在很长时间里，人们普遍相信，宇宙间存在着神或类似于神的某种精神本质，人身上的神性即由之而来，这使人高于万物而在宇宙中处于特殊地位，负有特殊使命。人的高于肉体生命的精神性目的实际上已经先验地蕴涵在这样一种宇宙结构中了。

但是，近代以降，科学摧毁了此类信念，描绘了一幅令人丧气的世界图景：在宇宙中并不存在神或某种最高精神本质，宇宙是盲目的，是一个没有任何目的的永恒变化过程，而人类仅是这过程中的偶然产物。用宇宙的眼光看，人类只有空间极狭小、时间极短暂的昙花一现般的生存，能有什么特殊使命和终极目的呢？在此背景下，个人的生存就更可怜了，与别的朝生暮死的生物没有什么两样。人身上的神性以及人所追求的一切精神价值因为没有宇宙精神本质的支持而失去了根据，成了虚幻的自欺。

灵魂在自然界里的确没有根据。进化论用生存竞争最多能解释人的肉体和理智的起源，却无法解释灵魂的起源。事实上，灵魂对生存有百害而无一利，有纯正精神追求的人在现实生活中往往是倒霉蛋。

夜深人静之时，读着先哲的作品，分明感觉到人类精神不息的追求，世上自有永恒的精神价值存在，心中很充实。但有时候，忽然想到宇宙之盲目，总有一天会把人类精神这最美丽的花朵毁灭，便感到惶恐和空虚。

这就是现代人的基本处境，人们发现，为生命确立一个高于生命的目的并无本体论或宇宙论上的根据。所谓信仰危机，其实质就是精神追求失去了终极根据。

那么，在我们的时代，一个人是否还可能成为有信仰的人呢？我认为仍是可能的，但是，前提是不回避失去终极根据这个基本处境。判断一个人有没有信仰，标准不是看他是否信奉某一宗教或某一主义，唯一的标准是在精神追求上是否有真诚的态度。所谓真诚，一是在信仰问题上认真，既不是无所谓，可有可无，也不是随大流，盲目相信；二是诚实，绝不自欺欺人。一个有这样的真诚态度的人，不论他是虔诚的基督徒、佛教徒，还是苏格拉底式的无神论者，或尼采式的虚无主义者，都可视为真正有信仰的人。他们的共同之处是，都相信人生中有超出世俗利益的精神目标，它比生命更重要，是人生中最重要的东西，值得为之活着和献身。他们的差异仅是外在的，他们都是精神上的圣徒，在寻找和守护同一个东西，那使人类高贵、伟大、神圣的东西，他们的寻找和守护便证明了这种东西的存在。说到底，我们难以分清，神（宇宙的精神本质）究竟是灵魂的创造者呢，还是灵魂的创造物。因此，我们完全可以把有灵魂（即有精神渴望和追求）与有信仰视为同义语。一个人不顾精神追求的徒劳而仍然坚持精神追求，这只能证明他太有灵魂了，怎么能说他是没有信仰的人呢？

二　死亡问题

许多人有这样的经验：在童年或少年时期，经历过一次对死的突然“发现”。在这之前，当然也看见或听说过别人的死，但往往并不和自己联系起来。可是，有一天，确凿无疑地明白了自己迟早也会和所有人一样地死去。我在上小学时就有过这个经验，一开始不肯相信，找理由来否定。记得上生理卫生课，老师把人体解剖图挂在墙上，我就对自己说，我的身体里绝对不会有这样乱七八糟的东西，肯定是一片光明，所以我不会死。但自欺不能长久，我终于对自己承认了死也是我的不可避免的结局。这是一种极其痛苦的内心体验，如同发生了一场地震一样。想到自己在这世界上的存在只是暂时的，总有一天化为乌有，一个人就可能对生命的意义发生根本的怀疑。

随着年龄增长，多数人似乎渐渐麻木了，实际上是在有意无意地回避。我常常发现，当孩子问到有关死的问题时，他们的家长便往往惊慌地阻止，叫他不要瞎想。其实，这哪里是瞎想呢，死是人生第一个大问题，只是因为不可避免，人们便觉得想也没有用，只好默默忍受罢了。对于这种无奈的心境，金圣叹表达得最为准确，他说：我今天想到死的时候这么无奈，在我之前不知有多少人也这么无奈过了。我今天所站的这个地方，无数古人也曾经站过，而今天只见有我，不见古人。古人活着时何尝不知道这一点，只是因为无奈而不说罢了。真是天地何其不仁也！

但哲学正是要去想一般人不敢想、不愿想的问题。死之令人绝望，在于死后的绝对虚无、非存在，使人产生人生虚幻之感。作为一切人生——不论伟大还是平凡，幸福还是不幸——的最终结局，死是对生命意义的最大威胁和挑战，因而是任何人生思考绝对绕不过去的问题。许多古希腊哲学家把死亡问题看作最重要的哲学问题，苏格拉底、柏拉图甚至干脆说哲学就是为死预做准备的活动。

然而，说到对死亡问题的解决，哲学的贡献却十分有限，甚至可以说很可怜。直接讨论死亡问题的哲学家一般都立足于死之不可避免的事实，着力于劝说人以理智的态度接受死。例如，伊壁鸠鲁、卢克莱修说：死后你不复存在，没有感觉，也就没有痛苦了。可是问题恰恰在于，我不愿意不复存在！我愿意有一颗能感知、能欢乐和痛苦的灵魂！还有什么物质不灭之类，可是我恰恰不愿意仅仅是物质！死的可怕正在于灵魂的死灭、不存在。斯多葛学派则劝人顺从自然，他们说：如果你愿意死，死就不可怕了。西班牙哲学家乌纳穆诺反驳得好，他说：问题在于我不但不愿意死，而且不愿意我愿意死！还有一种巧妙的说法，意思是说：死后与出生前是一样的，如果一个人为自己出生前不存在而痛哭，你会说他是傻瓜，那么，为死后不存在而痛哭也同样是傻瓜。这种说法巧妙是巧妙，但并不能平息灵魂对死亡的恐惧。灵魂的特点是，它从未存在也就罢了，一旦存在了，就绝不肯接受自己不再存在的前景了。

要真正从精神上解决死亡问题，就不能只是劝人理智地接受不存在，而应该帮助人看破存在与不存在之间的界限，没有了这个界限，死亡当然就不成为一个问题了。这便是宗教以及有宗教倾向的哲学家的思路。宗教往往还主张死比生好，因此我们不但应该接受死亡，而且应该欢迎死亡。其中，基督教和佛教又有重大区别。基督教宣称，灵魂不死，在肉体死亡之后，灵魂摆脱肉体的束缚而升入了天国。所以，生和死都是有（存在），并且生是低级的有，死是高级的有。与之相反，佛教主张，四大皆空，生命仅是幻象，应该从这个幻象中解脱出来，断绝轮回，归于彻底的空无。所以，生和死都是无，并且生是低级的无，死是高级的无。我个人认为，基督教之宣称灵魂不死，毕竟是一种永远不能证实的假设，或者如同帕斯卡尔所说是赌博，难以令人完全信服。相比之下，佛教可能是在生死问题上的最透彻的理解，是对死亡问题的最终解决。人之所以害怕死，根源当然是有生命欲望，佛教在理论上用智慧否定生命欲望，在实践上用戒律和定修等方法削弱乃至灭绝生命欲望，可谓对症下药。当然，其弊是消极。不过，在宗教之外，我想象不出有任何一种积极的理论能够真正从精神上解决死亡问题。

总的来说，就从精神上解决死亡问题而言，哲学不如宗教，基督教不如佛教，但佛教实质上却是一种哲学。对死亡进行哲学思考虽属徒劳，却并非没有意义，我称之为有意义的徒劳。其意义主要有，第一，使人看到人生的全景和限度，用超脱的眼光看人世间的成败祸福。如奥勒留所说，这种思考帮助我们学会“用有死者的眼光看事物”。譬如说，如果你渴望名声，便想一想你以及知道你名字的今人后人都是要死的，你就会觉得名声不过是浮云；如果你被人激怒，便想一想你和激怒你的人不久后都将不存在，你就会平静下来；如果你痛苦了，例如在为失恋而痛苦，便想一想为同样事情而痛苦的人哪里去了，你就会觉得不值得。人生不妨进取，但也应该有在必要时退让的胸怀。第二，为现实中的死做好精神准备。人皆怕死，又因此而怕去想死的问题，哲学不能使我们不怕死，但能够使我们不怕去想死的问题，克服对恐惧的恐惧，也就在一定程度上获得了对死的自由。死是不问你的年龄随时会来到的，人们很在乎寿命，但想通了既然死迟早要来，就不会太在乎了，最后反正都是一回事。第三，死总是自己的死，对死的思考使人更清醒地意识到个人生存的不可替代,从而如海德格尔所说的那样“向死而在”，立足于死亡而珍惜生命，最大限度地实现自己生命的独一无二的价值。

三　幸福问题

在世上一切东西中，好像只有幸福是人人都想要的东西。

其他的东西，例如结婚、生孩子，甚或升官发财，肯定有一些人不想有，可是大约没有人会拒绝幸福。人人向往幸福，但幸福最难定义。人们往往把得到自己最想要的东西、实现自己最衷心的愿望称作幸福。愿望是因人而异的，同一个人的愿望也在不断变化。讲一个笑话：有一回，我动一个小手术，因为麻醉的缘故，术后排尿困难。当我站在便池前，经受着尿胀却排不出的痛苦时，我当真觉得身边那位流畅排尿的先生是幸福的人。真的实现了愿望，是否幸福也还难说。费尽力气争取某种东西，争到了手却发现远不如想象的好，乃是常事。所谓“人心重难而轻易”“生在福中不知福”“生活在别处”，这些说法都表明，很难找到认为自己幸福的人。

幸福究竟是一种主观感受，还是一种客观状态？如果只是前者，狂喜型妄想症患者就是最幸福的人了。如果只是后者，世上多的是拥有别人羡慕的条件而自己并不觉得幸福的人。有一点可以确定：外在的条件如果不转化为内在的体验和心情，便不成其为幸福。所以，比较恰当的是把它看作令人满意的生活与愉快的心情的统一。

那么，怎样的生活是令人满意的并且能带来愉快心情呢？这当然仍是因人而异的。哲学家们比较一致的意见是：生活包括外在生活（肉体生活和社会生活）和内在生活（精神生活）两方面，其中，外在生活是幸福的必要条件，内在生活是幸福的更重要的源泉。

对于幸福来说，外在生活具备一定条件是必要的。亚里士多德说：幸福主要是灵魂的善，但要以外在的善（幸运）为补充，例如高贵的出身、众多的子孙、英俊的相貌，不能把一个贫贱、孤苦、丑陋的人称作幸福的。不过，哲学家们大多强调：这不是主要方面，而且要适度。亚里士多德指出：平庸的人才把幸福等同于纵欲。他批评贵族中多亚述王式人物，按照亚述王墓碑上的铭文生活："吃吧，喝吧，玩吧，其余不必记挂。"哲学家一般不会主张这样的享乐主义，被视为享乐主义始祖的伊壁鸠鲁其实最反对纵欲，他对快乐的定义是身体的无痛苦和灵魂的无纷扰。

外在生活方面幸福的条件大致可以举出以下这些：一、家庭出身。在存在着财富或权利不平等的社会中，人们在人生的起点上就处在不平等的位置上，家庭出身决定了一个人早年的生活条件和受教育的机会，并影响到以后的生活。当然，出身对一个人的影响是复杂的，富贵未必都是福，贫寒未必都是祸，不可一概而论。二、财富（金钱）。贫穷肯定是不幸，至少应该做到衣食无忧，物质生活有基本保障。但是，未必是钱越多越幸福。我的看法是：小康最好。三、社会上的成功，地位，名声。怀才不遇、事业失败肯定是不幸。但是，成功要成为幸福，前提是外在事业与内在追求的一致，所做的是自己真正喜欢做的事情。四、婚姻和家庭生活美满。对于老派的人来说，还要加上子孙满堂。对于新派的人来说，这些都可以不要，但至少要有满意的爱情。五、健康。托尔斯泰认为，个人最高的物质幸福不是金钱，而是健康。六、闲暇。一个人始终忙碌劳累，那也是一种不幸，哪怕你自以为是在干事业。要有内在的从容和悠闲来品尝人生乐趣。七、平安，一生无重大灾祸。最好还能长寿，所谓寿终正寝。

内在生活方面的幸福也有诸多内容，主要包括：一、创造。创造是自我能力和价值的实现，其快乐非外在的成功可比。二、体验。包括艺术欣赏，与自然的沟通，等等。三、爱。人间各种爱的情感的体验和享受，包括爱情、亲情、友情等。还有更广博的爱，例如儒家的仁爱，基督教的福音之爱，人道主义的博爱。四、智慧，智性生活。包括阅读和思考，哲学的沉思，独处时内心的宁静。五、信仰。

几乎所有哲学家都认为，内在生活是幸福的主要源泉和方面。其理由是：

第一，内在生活是自足的，不依赖于外部条件，这方面的快乐往往是外在变故所不能剥夺的。亚里士多德说：沉思的生活是人身上最接近神的部分，沉思的快乐相当于神的快乐。

第二，心灵的快乐是高层次的快乐。柏拉图认为，在智慧与快乐两者中,智慧才是幸福。他提出的理由是：智慧本身是善，同时也是快乐，而其他的快乐未必是善。约翰·穆勒从功利主义立场出发，把幸福等同于快乐。即使他也认为：幸福不等于满足，天赋越高越不易满足，但不满足的人比满足的猪、不满足的苏格拉底比满足的傻瓜幸福。因为和肉体快乐相比，心灵快乐更高级，其快乐更丰富，不过只有兼知两者的人才能对此做出判断。当代人本心理学家马斯洛在类似的意义上把人的需要分成不同层次，认为在低层次的物质性需要满足以后，高层次的精神需要才会凸显出来，并感受到这种需要之满足的更高的快乐。

第三，灵魂是感受幸福的"器官"，任何外在经历必须有灵魂参与才成其为幸福。因此，内心世界的丰富、敏感和活跃与否决定了一个人感受幸福的能力。在此意义上，幸福是一种能力。你有钱买最好的音响，但不懂音乐，有什么用。现在许多高官大款有条件周游世界，但他们对历史和自然都无兴趣，到一地只知找红灯区，算什么幸福。对于内心世界不同的人，表面相同的经历（例如周游世界）具有完全不同的意义，事实上也就完全不是相同的经历了。

第四，外在遭遇受制于外在因素，非自己所能支配，所以不应成为人生的主要目标。真正能支配的唯有对一切外在遭际的态度。内在生活充实的人仿佛有另一个更高的自我，能与身外遭遇保持距离，对变故和挫折持适当态度，心境不受尘世祸福沉浮的扰乱。天有不测风云，超脱的智慧对于幸福是重要的。

一般来说，人们会觉得自己生活中的某一个时刻或某一段时光是幸福的，但难以评定自己整个人生是否幸福。其中一个原因是，幸福与否与命运有关，而命运不可测。所以希腊人喜欢说：无人生前能称幸福。希罗多德《历史》中讲过一个故事：梭伦出游，一个国王请教谁最幸福，他举的都是死者之例，因为可以盖棺论定了，国王便嘲笑他说，忽视当前的幸福、万事等看收尾的人是大傻瓜。亚里士多德对此也评论说：梭伦的看法是荒唐的。我认为，人生总是不可能完美的，用完美的标准衡量，世上无人能称幸福，不光生前如此。仔细思考幸福这个概念的含义，我们会发现，它主要是指对生命意义的肯定评价。感到幸福，也就是感到活得有意义。不管时间多么短暂，这种体验总是指向整个一生的，所包含的是对生命意义的总体评价。尤其在创造中，在爱中，当人感受到幸福时，心中仿佛响着一个声音："为了这个时刻，我这一生值了！"因此，衡量你的人生在总体上是否幸福，主要就看你觉得这一生活得是否有意义。当然，外在条件也是不可少的，但标准不妨放低一些，只要不是非常不幸就可以了。

由于幸福不能缺少外在条件和内心安宁，所以，在一些哲学家看来，幸福不是人生的主要目的和最高价值。历史上有许多天才并不幸福，在外在生活方面穷困潦倒，梵·高是最突出的例子。深刻的灵魂也往往充满痛苦和冲突，例如尼采，像歌德那样达于平衡的天才是少数，而且也是经历了痛苦的内心挣扎的。同时，人生有苦难和绝境，任何人都有可能落入其中，在那种情形下，一个人仍可能以尊严的方式来承受，从而赋予人生一种意义，但你绝不能说这是幸福。归根到底，人生在世最重要的事情不是幸福或不幸，而是不论幸福还是不幸都保持做人的正直和尊严。

（举行此讲座的时间地点：1997 年 12 月 28 日江西师范大学；1998 年 10 月 23 日清华大学；1998 年 11 月 3 日郑州大学。各次内容有变化，根据备课提纲整理。）

信仰和人生的意义

很多读者看到我的文章写得还算好，就以为我的讲话肯定也精彩，其实不然。我的口才很差，偏偏你们学校是专门培养口才好的人的，所以今晚我是用我的弱项碰你们的强项，肯定会被碰得头破血流。

我今晚讲座的主题是人生意义的问题。对于有些人来说，人生的意义始终是值得怀疑的，哲学家尤其如此，他们总是不断地追问人生到底有没有意义，有没有根据。当然，许多人会觉得这样去追问没有必要，这种人活得很快活，我特别羡慕，可惜我自己是属于情不自禁要追问的那种人。我从事的职业是哲学研究，虽然我研究哲学已经有许多年，对这个问题的思考也已经有许多年，但至今仍想不明白人生到底有没有意义。今天我就把这个我想了多年仍想不明白的问题和大家讨论讨论。这个问题老实说我们也许永远也想不明白，但我的体会是，想不明白而仍然去想对一个人还是有好处的。

人生意义的问题是人生哲学的核心，它涉及对人生的总体评价，即人活着到底有没有根据，有没有意义，这就是哈姆雷特常问的问题：“活还是不活，这是个问题。”事实上，许多人内心深处都有这个疑问。我有一个经商的朋友，生意做得很大，有一天他打电话来要找我聊聊，他跟我说，他整天忙忙碌碌的，闲下来时突然觉得人活着没有什么意思，他问我人活着到底有什么意义。我就跟他说，人活着可能本来就没有什么意义，意义都是自己找的，准确地说，都是自己造的。追问人生有没有意义，是因为人生有两个疑点。第一点就是人的生命过程是一个自然过程，人和别的动物一样经历着出生、生长、衰老、死亡的过程，从这个过程中似乎看不出任何更高的意义来。但是人好像又不甘心自己像别的动物一样，他总希望人生有超出动物性生存以上的价值。第二个疑点是，生命是短暂的，人终有一死，从死后的眼光来看，这短暂的一生等于没有活过，这时就会对人生意义产生怀疑，人生到底有没有一种超越死亡的不朽的价值，所谓终极的价值。关于这两个疑点，有三种不同的回答。第一种回答是，人生根本没有什么意义，应该解脱出来。这方面的代表是佛家思想，佛家认为，人生只不过是一个幻象，因此要从生命欲望的支配下解脱出来，其最高境界是涅　。第二种回答是，人生有终极根据、终极价值，代表是基督教，认为灵魂是不死的，因此生命是永恒的。第三种回答大约是多数人的回答，也是我的回答，那就是对人生的终极意义不能肯定，但也不能接受人生根本无意义的观点，宁可相信人生还是有意义的，我们应该去寻找或创造，哲学就是为此而存在的。

关于人生意义的两个疑点，实际上分别是信仰问题和死亡问题，今天我着重讲信仰问题，然后简要地讲一讲死亡问题。

一　关于信仰

我认为所有的哲学问题都是无解的，没有标准答案的。比如信仰问题，也就是人生目的问题，人为什么活着，生命有没有一种超越生命的神圣价值，这个问题放在宗教里是有标准答案的，放在哲学里就没有，哲学只是让我们自己去思考，去探索可能的答案。

人生的目的是什么？人为什么活着？这个问题不好回答。人生不同阶段有不同的具体的目的即理想。比如你们未考上大学之前拼命奋斗是为了考上大学，大学毕业后要找一份好工作，又比如我现在研究哲学，准备出一本书，这些都可以说是目的，但都不是人生的最终目的。从整个一生来说，人生的目的到底是什么呢？这才是哲学要问的问题。有人可能说我活着是为了赚大钱，当个大富翁，有人可能说要搞政治，当总统，有的人可能在文学上很有雄心，要获得诺贝尔文学奖。然而，这些都还不是最终的答案。事实上，人生目的的问题要问的恰恰是一个为什么，你为什么要当大富翁，你为什么要当总统，你为什么要获得诺贝尔文学奖。如果你当大富翁只是为了满足你的物质欲，当总统只是为了满足权力欲，得诺贝尔奖只是为了满足名誉欲，那么，只能说明你的个人欲望很强烈而已，你还是没有弄清楚人生目的这个问题。

大家可能听说过这个故事。亚历山大大帝在征服了欧亚大陆以后，到各个城邦去视察，有一次来到一个城邦，遇见哲学家第欧根尼，第欧根尼是那时候最著名的哲学家，他提倡过简朴的生活，当时正躺在一个木桶里晒太阳。亚历山大大帝对他慕名已久，见了他就问：请问我能为你效什么劳？第欧根尼回答：只有一件事，就是请你不要挡住我的阳光。亚历山大后来感慨地说，如果我不是亚历山大，我就要做第欧根尼。作为欧亚大陆的征服者，亚历山大大帝权力大如天，但他仍然这样敬佩第欧根尼，他觉得第欧根尼正是在最重要的一点上比他高明，就是第欧根尼弄明白人为什么活着了，而他还没有弄明白。

其实，获得诺贝尔奖不算什么，好几位获得诺贝尔文学奖的作家，比如海明威、川端康成，都是获奖后自杀的，可知他们绝对不会认为获得诺贝尔奖是他们的人生目标，否则他们就应该很满足，绝不会自杀。这说明他们认为人生应该有一种更高的目的,但那个目的他们永远无法达到,所以在绝望中自杀了。

所以，谈论人生目的就不能停留在世俗欲望的水平上，它应该是对高于世俗生活、高于生命过程的一种价值的追求。现在要问，人追求这样一种价值的冲动是从哪里来的呢？生命过程本身只是一个自然过程，自然本身并没有给人提供一种高于生命过程的目标。对这个问题的一种回答是，人是有理性的动物，有抽象思维的能力，能对自己的生活状态进行分析和评价。但是，理性是为生存服务的，而实际上人的精神追求与理性的这个功能是相悖的，它并不利于生存，我们只要看看，在现实生活中执著追求精神价值的人总是倒霉蛋，就可以知道了。由此可见，人有精神追求并不是因为人有理性，只能说是因为人有灵魂。理性与灵魂是两回事，理性是为了对付生存环境，实现的是一种工具价值，而灵魂是人的一种内在渴望，追求的是目的价值，真、善、美之类的精神价值。这些价值之为价值不是因为它们能为生存服务，而是因为它们本身是值得追求的。因此，人和动物的不同不仅仅是头脑发达，最根本的是人有精神追求这个意义上的灵魂，而动物没有。

那么，人的灵魂是从哪儿来的呢？人的灵魂在宇宙中到底有没有根据？我们也许可以说人的大脑是进化来的，是人在不断的生存斗争中逐步形成和发展的，是为了更好地适应和改造环境，更好地生存，这些可以用科学来解释。但是，人的内在渴望、精神追求却不能用科学来解释，不能用进化论来解释。我们只能假定，人的大脑和灵魂有不同的来源，大脑来自自然界，灵魂则来自某种神圣的力量，来自一个更高的本质世界，柏拉图称之为理念世界，基督教称之为上帝。

可是，随着近代自然科学的飞速发展，基督教信仰体系逐渐崩溃，用尼采的话说，上帝死了。在这之后，上面这个假定就成问题了。按照近代自然科学的描绘，人类只是宇宙过程中一个偶然的产物，与别的动物的区别只是进化程度更高，头脑更发达而已，宇宙过程中根本没有灵魂的位置。这样一来，人的灵魂生活就失去了根据，对于人的灵魂生活就只能有两种解释，一是根本没有灵魂生活，所谓的灵魂生活只是人的自欺和幻觉，二是人虽然是有灵魂生活的，但这个灵魂生活没有来源，在自然界里找不到根据，只是一种孤立的现象，所以人的一切精神追求必然是绝望的。我们看到，现代人确实处于这样一种状态之中，在世俗潮流的冲击下，一些人确实把灵魂生活当作虚幻的东西抛弃了，不再有精神上的追求，而那些仍然重视灵魂生活的人则陷入了空前的苦闷之中。这就是所谓的信仰危机，其实质是灵魂生活失去了根据。

其实，到底有没有一个作为灵魂生活的根据的更高的本质世界，科学虽然不能证明，但也不能证伪。因为科学只是研究经验范围之内的现象，而灵魂所追求的东西超出了经验的范围，对于形而上的东西、超验的东西，科学既不能说有，也不能说没有，那不是科学的事儿。按照柏拉图的说法，我们相信灵魂来自理念世界，相信有一个理念世界存在，但我们无法证实，因此这是一个冒险，信仰本身是一个冒险。我们宁可冒这个险，因为相信它存在比不相信它存在要好得多。对于这一点，说得更清楚的是法国哲学家帕斯卡尔，他说这就好像赌博一样，上帝到底存在不存在，我们无法证实，但我们把赌注押在上帝存在这一边，赢了就赢得了一切，输了却什么也没有失去，因为结果无非就跟押在上帝不存在那一边一样。我相信，信仰总是带有这种赌博和冒险的性质的。我认为，关键在于，把赌注押在上帝或最高本质存在这一边，相信我们的精神生活有某种终极价值，这样来安排我们的人生，与那种否认精神具有最高价值的人生，两者的品位是完全不同的，这本身已经是信仰冒险的巨大收获了。

那么，在现代条件下，人到底怎样才算有信仰呢？在现代社会中，无信仰的确是一种普遍的状态。表现之一是冷漠，许多人对于有没有信仰好像完全无所谓，只要物质生活过得好就行了。尤其是一些以后现代自我标榜的人，他们公开拒绝和嘲笑信仰，认为信仰是一种过时的、可笑的东西。其实，真正的后现代是指在原有统一信仰解体的情况下提倡信仰的个人化和多元化，并非全盘否定信仰。另一种表现是没有信仰而装作有信仰，例如很多人信教或假装信仰某种主义，完全是出于功利目的，并不是出于精神渴求。现在寺庙里的香火很旺盛，我相信如果去问那些烧香拜佛的人许的什么愿，肯定多半是一些很具体的事。真正的佛教信仰当然根本不是那么回事，按照本义来讲，佛不是神而是觉悟的意思，而现在人们却把佛当作法力无边的神，向他下拜、烧香，求他保佑，赐给自己一些很实际的福分，这就把佛教功利化了，失去了佛教的本义了。比较起来，现在有些人信基督教可能要真诚一些，真实信仰的成分可能要稍微多一些。

总的来说，我认为真正的信仰不在于你是否信教，信什么教，做一个教徒并不等于有信仰。衡量一个人有没有信仰，主要是看他在精神追求上是否真诚和执著。有信仰的表现可以是多种多样的。你可以是一个无神论者，像苏格拉底就是一个无神论者，但他是一个有信仰的人，他说未经思考的人生不值得一过，他自己是这样做的，并且教导当时年轻人要这样活着，因此遭到指控，说他扰乱民心，被处死了，可以说他是为信仰而死的。你也可以是一个虚无主义者，像尼采那样，他对欧洲的传统形而上学和基督教进行了全面批判，自称是欧洲第一个虚无主义者，但我认为他是一个有信仰的人。他一直在真诚地思考人生意义问题，最后发现人生根本没有意义，但他决心把这个没有意义的人生承担下来，不逃避，也不撒谎。你也可以是一个宗教徒，比如奥地利神学家、社会活动家史怀泽，三十岁的时候，他已经是有名的神学家、音乐家，研究巴赫的权威，德国斯特拉斯堡神学院院长，这时他却改行去做医生，学了六年医，然后到非洲一个小地方行医，一直到死。他后来还创立了敬畏生命的伦理学，认为生命的来源是神秘的，人对一切生命都应怀有敬畏之心。所以，一个人到底有没有信仰，并不在于外在的身份和外表的信仰，最重要的是相信人生有一种超越世俗利益的精神目标，这个目标是人生中最重要的东西，因而执著地去追求，为之而献身。在我看来，上面这几位只有外在的、次要的区别，他们都是精神上的圣徒，都在寻找和守护人世间高尚、伟大、神圣的东西，正是这些人的寻找和守护证明了这种东西是存在的，上帝就存在于圣徒们的寻找和守护之中。

关于现代人的信仰问题，美国哲学家蒂利希有一个很好的说法。他说，以前都是用信仰来证明勇气，其实应该用勇气来证明信仰。他的意思是说，一个人有了某种信仰还不能证明他有精神追求的勇气，但是如果他有精神追求的勇气，就证明他是有信仰的。信仰不是一种观念，比如说上帝的观念，信仰实际上是灵魂的一种状态，是被一种最高的力量支配着的状态，蒂利希把这种最高力量称作存在本身。当你的灵魂被这种最高力量支配着的时候，你就进入了信仰状态，不管你有没有意识到这种力量，你都被它支配了，你就是有信仰的。比如说，一个人寻找生命的神圣意义，他总也找不到，于是他绝望、焦虑，但他不顾寻求的徒劳仍然坚持寻求，他的灵魂渴望并没有因为失去宗教信仰的支持而平息，反而更加强烈了，这就说明有一种力量比关于上帝的神学观念更强大，这种力量不会因为上帝神学观念的解体而动摇，是这种力量支配了这个人，所以他才会坚持不懈地寻求。也就是说，不管现有的宗教怎样衰落，人的灵魂里的渴望仍是根深蒂固的，它必定是有一个来源的。人的渴望证明了人是有一种重视精神价值超过重视物质价值的存在，一个人不管是否找到了这种精神价值，只要他始终有内在的渴望，就可以说他是一个有信仰的人。我很赞同这个思路，它确实触及了信仰的实质。

经常有大学生问我，说他们在大学里有很多理想抱负，但一到了社会上总要碰壁，那么理想究竟有什么用？我认为，如果理想只是对现实的不切实际的幻想，那么它已经背离了理想的本义，在现实面前碰壁是必然的事情。所谓理想应该是指对精神价值的追求，比如说追求正义，追求真、善、美，事实上这类理想是不可能完全变成现实的，否则就不成其为理想了。同时，这种理想的实现形式同某种社会理想比如社会主义、共产主义的实现形式是不一样的，它不可能变成一种直接的社会现实，而是成为一种心灵现实，也就是转化成丰富的内心世界和正确的人生态度。如果你拥有丰富的内心世界和正确的人生态度，就证明你的人生理想是在实现。

二　关于死亡

关于死亡问题，我就简单地说几句。死亡是对人生意义的严重威胁、根本威胁，所以成为人生哲学要讨论的大问题。我相信很多人在小时候，一定经历过对死亡的突然发现，就是有一天突然知道，死亡不只是别人的事，那些老人、病人的事，而是把死亡和自己联系起来了，确凿无疑地知道自己也会死的。实际上死亡意识的觉醒也就是自我意识的觉醒，你意识到了你是一个独一无二的个体，而这个个体在宇宙间的存在是极其短暂的。这是一种非常痛苦绝望的体验。在人的一生中，这种对死的恐惧、对独一无二的“自我”必将消失的恐惧会经常浮现在你的意识里，当然有时候会忘记，但它始终在那里。随着年龄增长,人们也许会对它麻木起来,由于你对死这件事毫无办法，往往还会回避。

但是，事实上死是无法真正回避的。那么，哲学就是要你去思考这种人们一般不敢想不愿想的问题，通过思考，你多半仍然不能克服对死的恐惧，但是可以克服对死的恐惧的恐惧，也就是说，你敢于直面这个让你恐惧的事情了。哲学不是在经验层面上讨论死亡问题，比如临终关怀之类，而是在形而上层面上讨论，比如人死后是归于虚无，还是灵魂不死，如果归于虚无，人生还有什么意义。对于这类问题，哲学家们有种种不同的回答。多数哲学家的思路是，死是自然规律，应该坦然接受它。依我看，这个思路水平不太高，因为它回避了最重要的问题，就是死后的虚无对人生意义提出的严重挑战。但是，我发现，那些不回避的哲学家，他们的思路实际上就非常接近宗教。比如说,柏拉图要我们相信,只有肉体会死,灵魂是不死的,他的观点就接近基督教，事实上西方基督教在形成过程中也吸收了他的思想。又比如说，叔本华要我们看透人生在本质上是虚无的，他的观点就接近佛教，事实上他的哲学思想受了佛教很大影响。我个人认为,佛教对生死问题的理解可能是最透彻的,当然佛教比较悲观，比较消极，但是，对于死亡这样一件让人无法乐观的事情，最好还是不要自欺，正确的做法是解脱自己，而佛教传授的正是解脱的智慧和具体方法。

关于死亡问题，我就说这么多。我觉得，重要的不是你最后是否想明白了，而是要去想，要面对，不要回避。也许你最后还是想不明白，但是，想本身是会有收获的，可以使你对人生中各种具体的遭遇看开一些，以死为背景，你就不会太在乎，也可以使你在一定程度上对死做好准备，就像蒙田所说的，想得多了，就对死亡这件事好像很熟悉了，一旦来临，就不会感到太突然了。

我讲到这里，下面我们来交流。

现场互动

问：周老师，你是个哲学研究员，可以经常思考人生意义问题，可是在世界上忙忙碌碌的我们，能在什么样的场合、什么样的心情下去思考人生问题呢？这种思考会有明显的现实意义么？

答：我思考人生的问题并不是因为我的专业，如果我没有从事哲学专业，我仍然会想这些问题。同样，我知道许多不是这个专业的人在思考这种问题，而一些从事哲学研究的人却未必思考这种问题。真正说来，思考人生问题和职业没有什么关系，只要灵魂中有困惑，就会情不自禁地去思考。而且，这并不占用你特定的时间，一个人在任何时候、任何场合都可能做这种思考。当然,为了想明白这个问题,我也许要去看很多有关的书,这是要占用一定时间的，这是另一回事了，思考本身是自发的，是不由自主的，不是由职业决定的。至于忙忙碌碌的人思考这种问题有没有用，这要看你怎么理解有用或没用了。哲学的确是最没有实用价值的。如果你从来没有被这种问题困扰，那你当然不用去思考，这样你也许生活得更加简单和轻松。如果是相反的情况，你就欲罢不能，不让你思考也难。所以，这不是一个选择的问题，而很可能和一个人的气质有关。我的体会是，虽然经常思考这样的问题可能使人沉重，但其中也有很大的乐趣，这种乐趣是别的事情不能代替的。

问：你认为像我们这样的年轻人，信仰佛教会不会导致消极作用?

答：我认为会的，我一点儿也不主张年轻人信佛。虽然我认为佛教是一种最深刻的人生哲学，西方没有一种宗教、一种哲学在这方面能够超过它，但是，它毕竟把人生看得太透了，彻底的佛教徒是不能在世俗中生活的，他只有出家，到深山老林中去。当然,对佛教可以有不同的理解,我自己理解得还很浅,今后会好好学，也许会找到一种把出世与入世结合起来的方式。

问：你主张要看透生死，那么我必然要死，还苦苦拼搏干什么？我是否就应该充分满足自我，享受人生?

答：这是尼采和叔本华的区别。叔本华认为人生是虚无的，应该解脱出来，灭绝生命的欲望，没有必要拼搏。尼采不一样，他其实也认为人生是虚无的，本质上没有什么意义，但是我们并不因此就不热爱生命了，而因为热爱生命，我们就要为本为意义的生命创造出一种意义来。他有一个比喻，说生命就好像是一个美丽的女子，我们已经怀疑她了，不相信她了，但是我们仍然会爱她。我们即使看透了生死，仍然不能抵御生命所具有的魅力，对生命的热爱是出自生命的本能，这种本能是任何悲观的理论都压制不了的。其实，我觉得，看透生死不一定会使人变得消极，如果把握得好，可以使人更积极，但同时又更超脱。所谓更积极，是指你能够更清醒地分清主次，你可以在正确的方向上去拼搏，去争取你真正想要、对于你真正有价值的东西。同时，当你在拼搏中遭受挫折时，你又能用一种超脱的眼光看待。在人生中，积极和超脱都需要，困难在于把握好分寸，二者之间有一个平衡，偏于哪一面都不好。

问：当你在遇到一些重大困难或无法解决的难题时，你是否想到宗教，希望一些超自然的力量去帮助你？

答：想到的。因为那个时候你没有别的方法，只好相信奇迹，确切地说是盼望奇迹。常常有人劝我信教，有很多基督徒向我传教，但是现在神还没有找到我。

问：经历了苦难以后，你曾感到哲学观念的无力，这对你以后的哲学研究产生了怎样的影响？你对你的追问仍然自信么？

答：哲学观念上的东西对现实的苦难不起作用，当你在身陷苦难时，确实没有别的办法，只能忍受，忍也不是一个好办法，但只好如此。哲学带给我的一样东西还是起了作用的，不是某一个哲学观念，而是跳出来看自己的遭遇的那种习惯，这是一种整体性的东西，有点像第二本能。至于说我在这以后对我的追问是否仍然有信心，我觉得我一向就不自信，而且我追问的不是观念上的东西，我的问题不是来自书本，而是来自我的内心。事实上，思考这些问题，然后再把它们表达为语言，已经离内心中的根源很远了，彼此已经有很大的出入，不过这是没有办法的事情。我想，无论我的表达看起来多么明白，内心中那些原始的困惑是不能根本解决的，所以我很不自信。

问：有人当面称你为哲学家时，你心中做何感想？

答：没有什么感想，其实哲学家是一个很普通的词。在西方，哲学家也只是一种职业，只要你是研究哲学的，就可以称你为哲学家。当然，哲学史上的伟人、哲人，像苏格拉底这样的人，又是另一回事了。

问：你认为近代以前的中国有过自成体系的哲学么？

答：你这个时间的限定很有意思，“近代以前”，说明你也认为中国近代以后没有自成体系的哲学。近代以前，当然包括古代。我最近在研究王国维，我发现他是最早懂得西方哲学的人，尤其是第一个读懂康德的中国人。王国维在读懂康德后就深深感到，中国没有形而上学，没有纯粹的哲学，只有道德哲学、政治哲学，像孔子、孟子、荀子这些人，都是有政治抱负的人，而不是真正的哲学家。在他看来，中国是没有严格意义上的哲学的。我想，比较而言，老子可以说是中国到现在为止曾经有过的最自成体系的哲学。

问：你认为作为一个哲学研究者，对当前现实问题是应该面对还是应该背对？面对又该如何面对？

答：我觉得应该面对。背对这个姿势本身就很傻。你可以面对,但应该远一点,就是不要过于投入。哲学家可以关心现实，也可以不关心现实，但从来不是非常投入现实的人。哲学是立足于根本，立足于永恒，去看一切暂时性的东西，现实当然属于暂时性的东西，所以距离是必要的，哲学应该和现实保持一定的距离。

问：人类社会正面临着一种深沉的虚无，旧有的宗教价值体系崩溃了，可不可能建立一个新的价值体系来？在现在的社会又可以以何种形式出现，该向哪条路走？

答：这是很多人关心的问题，原来大家认同的价值体系崩溃了，那么一个新的价值体系能不能建立起来？时下很多人在提倡新儒学，想要以之作为中华民族的新信仰。我本人认为，在今后五十年内，不太会形成一种新的统一的价值体系。尼采在十九世纪末曾经预言，一个虚无主义时代即将到来，它将统治两百年的时间。我不知道他的预言有何根据，但是我认为，至少在相当长的时间内，一种新的信仰体系形成的前景还很渺茫。而且，我觉得其实人类不应该有一种统一的信仰，信仰是每个人自己的事情，我比较欣赏现在的状况，就是没有一元化的信仰，你真正需要信仰就自己去寻找去选择。

问：你是否还和十岁时有同样的心理？对死亡的恐惧感是否还存在？

答：当然，不过在年轻时，对死亡的突然意识的出现比现在要多，这说明年龄越大越麻木。也许这是大自然的一种安排吧，在让你一步步走近死亡的同时，也一点点适应死亡，越来越不那么敏感，等到死亡来临时，也就不那么痛苦了。

问：你用大量篇幅阐述了人生超越价值的问题，对我们年轻学子来说，应该具有什么样的信仰？请列举几种。

答：这个问题比较难回答。每个人应该有什么样的信仰，这是因人而异的。我当然可以给你列举出世界上现有的几种信仰形式，几种宗教，但这毫无意义。真正的问题也许在于，如果你对它们都不信，在信仰问题上该怎么办。如果是这样，我就向你推荐哲学。用雅斯贝尔斯的话来说，对于失去了统一信仰的现代人来说，哲学是最好的避难所。他的意思是说，在你还没有寻找到一种确定的信仰之前，哲学一方面可以帮助你去寻找，另一方面它本身又是一种不确定的东西，是对信仰的一种探索过程，因而可能正好是最适合于你的东西。

问：当我的理想与现实发生矛盾时，我总是对哲学家的说法产生怀疑。你是否怀疑过你工作的价值？你遇到你的哲学难题时怎么办？

答：我说过，我对我的哲学探索是很不自信的，但原因不是因为理想与现实之间有矛盾。这不成其为怀疑哲学的价值的理由，恰恰相反，如果理想与现实之间没有矛盾，要哲学干什么？哲学的价值正在于用理想来为现实引路。我的不自信是基于哲学的本性，哲学始终是一种寻找终极根据的工作，终极根据不可证明，实际上永远处于不确定之中。因此，我常常产生一种怀疑，就是我也许是在寻找自我安慰，找到的也只是自我安慰而已。不过，自我安慰也未必没有价值，人是需要自我安慰，人类是需要自我安慰。

问：在生活中你是一个当局者还是一个旁观者？当局者清还是旁观者清？

答：我想我们每个人既是当局者又是旁观者。我自己尽量做到两种角色能够时常调换。当你身为当局者无法忍受时，就要尽可能跳出来做一个旁观者，这样可以在一定程度上化解身为当局者的痛苦。

问：你今天所谈的这些问题，你说都是永远不能解决的问题，既然你已经看清了它们没有答案，为什么还要去寻找答案呢？你对答案的探究还有意义吗？你在乎的仅仅是过程么？

答：这个将了我一军。这么说吧，探究这些问题是灵魂的要求，理性的确不能解出答案，但是灵魂才不管理性能不能呢，所以这是身不由己。另外，你可以说我在乎的是过程，因为我确实感到，这个过程是有乐趣也有收获的。

问：尼采的自杀是否是因为彻悟了人生的意义？尼采对你的思想有哪些影响？

答：尼采没有自杀，是发疯了。他发疯恐怕不是因为彻悟了人生的意义或无意义，而是因为大脑的病变。局势和他年轻时得的梅毒有关，可见他也不是一个脱离红尘的人。尼采对我的影响是一言难尽的，但我自己认为，我的思想更多地是由我的气质和经历造成的，因此而在他那里找到了一种共鸣。我和尼采的最大区别是，他是很极端的，是真正的天才，而我则要中庸平和得多，这可能和我是一个中国人有关系吧。

问：你认为上帝或神存在吗？灵魂会死吗？你是唯物主义者还是唯心主义者？

答：我希望神存在，但到现在为止我还不能确信这一点，我还没有得到神的启示。同样，我希望灵魂不死，但是我无法确定。至于我是唯物主义者还是唯心主义者，我想说我都不是，中国以前的教科书灌输的这种截然的划分，我认为是与哲学无关的。简单地把哲学家划分为两大阵营，这对于研究他们的学说和评价他们的哲学贡献没有任何意义。

（举行此讲座的时间地点：1999年3月17日北京广播学院，原讲题为《人生的哲学难题》，本文摘取一部分，根据录音稿整理。）

现代人的幸福观和财富观

主持人：各位读者朋友，下午好！请大家安静一下，咱们论坛的报告就要开始了，因为今天我们的周国平先生的忠实读者特别多，所以今天的论坛也是空前地热烈。可能座位比较紧张，大大超出我们的预料，那么现在，我们从六楼已经拿了一些凳子过来，大家能坐就坐，如果实在解决不了的话，那我们就只好委屈大家席地而坐，拿一些报纸垫着克服一下。非常感谢大家配合一下。没有票的同志，可以先站起来，让有票的同志坐下。我们按游戏规则进行。没票的同志请大家自觉配合一下。遵守现场纪律！

因为周国平老师来了很久了，咱们就先开始报告。好不好？有票的同志对不起了，我们将尊重大家的意见，我们明天将按照有票先进场的规则进行，今天先对不起大家了！我们先以热烈的掌声欢迎我们今天的演讲嘉宾周国平先生！（掌声）

周国平先生的作品在读者中产生了强烈反响，咱们今天来这么多的读者朋友们，就反映了周国平先生的号召力，尤其《岁月与性情》从今年七月份出版以来产生了非常大的反响。今天周国平先生给大家演讲的题目是“现代人的幸福观和财富观”，演讲的时间大约是90分钟，然后会有半个小时的读者提问时间。还要特别跟在座的新闻界的朋友说明一下，在读者提问完之后，在我们的六楼会议室，有周国平先生和新闻界朋友的较短的一个见面会，有问题的话可以再进一步交流。好，现在我们以热烈的掌声欢迎周国平先生报告！

周国平：今天这个场面让我很感动。刚才我看见一些有票的同志没有位置，我感到很抱歉，我向你们道歉！（掌声）

我很高兴有机会在深圳举办读书月的时候和深圳的读者进行交流，我今天讲的题目是“现代人的幸福观和财富观”。这个题目定下来以后，有深圳的记者问我为什么要讲这个题目，我是这样想的：在我们现在这个时代，财富这个东西已经成了一个大家追求的目标，可以说人心所向，可能当代最响亮的关键词就是财富，在媒体上、在各种论坛上出现率最高，一个人在社会上成功不成功，恐怕主要的标志就看他财富多不多，钱多不多。但是我觉得，在大家都追求财富的过程中，真正觉得自己幸福的人有多少？其实并不多。没有钱或钱少的人当然觉得自己不幸福，争取财富的过程中也充满着焦虑。财富多的人就愉快了吗？就幸福了吗？据我了解，一些身价很高的人其实也很苦恼。还有的人为了财富进监狱，甚至送了命。我们这个时代可能是最强调财富而实际上觉得自己幸福的人最少的一个时代，这就出了问题了，我们确实应该好好地反省一下。所以，我想重点讲讲幸福观，然后讲讲我对财富的看法。不一定对，可能我的看法都比较保守。你们可以批判我，我可能比较落伍。

一　幸福喜欢捉迷藏

在哲学中，幸福观问题是一个很重要的领域，很多哲学家都讨论过这个问题。幸福好像是一种人人向往的东西，没有人会拒绝，谁都愿意自己一辈子过得幸福。但是，幸福又是最难定义的。什么是幸福，自己是否幸福，都很难说清楚。每个人都可能想象他自己最愿意得到的东西，如果得到了就一定很幸福。这是把自己最迫切的愿望、最强烈的愿望的实现看成是幸福。可是，每个人的愿望是不一样的，同一个人的愿望也是会因环境而变化的。而且，愿望实现了以后，你也不一定真的感到幸福。所以，如果用愿望来判断幸福的话，幸福实际上就没有标准了。

一个人处境很不好的时候，会觉得稍微改变一下就一定很幸福。比如，我大学毕业以后，分到广西一个山沟里，属于桂林地区的一个县城，我在县委机关里面当小公务员。有时候去桂林开会，一看桂林这么好，就想什么时候能调到桂林，那我可就太幸福了。我自己在那个山沟里面，生活太单调了，时间是停止的，今天你就知道明天会怎样，每天都是重复，那种日子很难熬。相比之下，我就觉得桂林人的生活要比我丰富得多。所以那时候，我真觉得如果哪一天把我调到桂林，我会特别幸福，当时就是这样想的。现在我到了北京，如果再把我调到桂林，我就不干了，一点都不愿意去了。当然，去桂林玩玩还可以，在那里工作、生活，我就不愿意。所以，一个人对幸福的感觉是会变化的，因为人的愿望在变。

而且，愿望实现了，本来特别强烈的愿望实现了，是不是真感到幸福，那还很难说。往往是这样的，你没有到手的时候，你觉得那个东西太重要了，真的到手了，你就会觉得不过如此。西方有一句谚语叫作“生活在别处”，意思是说：人往往觉得自己这里的生活很平常，不是真正的生活，别人过的才是真正的生活，都羡慕别人。我们中国也有一句俗语叫作“身在福中不知福”，意思与这相近，是说虽然旁人觉得你很幸福，你自己对自己正在过的生活总是不会满意的。我看过了一篇小说，意大利作家莫拉维亚写的，他写一位先生，家庭挺和睦的，但就是生活天天这样重复，他感到厌烦，心里盼望生活有些变化。有一天，他在外面看见一个女子的背影，觉得她特别漂亮，完全被迷住了，就不由自主地跟踪她，走了很多路，拐了很多弯，最后到了一座楼房，那位女子走进去了，他一看原来是自己的家，而那个女子就是他的妻子。这篇小说说明什么问题呢？说明人对于自己已经得到的东西往往评价偏低，放到一个没有得到的情形下，又会发现许多优点。蒲松龄的《聊斋志异》里有一句话，叫作“人情固重难而轻易，喜新而厌旧”，就是说人之常情是看重不易到手的东西，一旦到了手，就又不在乎了。钱锺书的《围城》也讲得很生动，没有结婚的人想结婚，觉得结了婚会很幸福，想进婚姻这座城，进了这个城，在城里待久了，又想出来了，觉得还是在城外自由，不受婚姻束缚的人更幸福。自己的愿望在没有实现的时候，想象里是很美好、幸福的，一旦实现，往往大打折扣。所以，世界上很难找到真正认为自己幸福的人。

我觉得，我们在幸福问题上经常想不清楚的一个原因，是往往从愿望出发，而愿望往往又是人比人，和人家比，并不是把自己到底想要什么想清楚。看人家手里面有什么，自己没有，就想如果自己也有就很幸福。别人有豪宅，我没有，如果我也有钱买一套，就一定很幸福。都是这种思路，跟人比，没有想清楚自己到底要什么，什么东西才是真正重要的，真正值得自己追求的。所以，在幸福观这个问题上，我觉得关键是把自己到底要什么想清楚，把哪些东西对于幸福才是真正重要的这个问题想清楚。

关于这个问题，哲学家们有各种说法，但是基本上有这样一点比较共同的，认为幸福应该是主观和客观的统一，外部条件和内在状态的统一。不能纯粹是一些硬件，一些客观条件。外部条件列出再多，得到再多，也不等于是幸福。主观上对你这个生活比较满意，这样一种满意的状态肯定要有的。当然，也不能光是一种主观的状态，自己觉得幸福，就算是幸福。还应该有一些客观的标准，用这些标准判断这个生活确实是值得向往和追求的。这些标准包括外在方面和内在方面，我想根据现代人的情况来谈谈这两个方面。我事先说明一下，其实我讲的外在方面，最后都离不开内在的东西，光有外在条件是不成其为幸福的。

二　幸福的外在方面

从外在生活来说，我们可以列出一些指标，对于现代人来说，可能这些指标是大家都想要的，认为得到了这些东西是有利于增进幸福的。这些也可以说是幸福生活的硬件。我归纳了一下，大概有六个方面。

第一个就是财富，尤其在现代社会，没有钱是肯定不行的，贫穷肯定是不幸。关于这一点，因为我下面还要讲财富观，现在不多讲。

第二个是事业的成功，这肯定是幸福的一个重要方面。一个人怀才不遇，或者事业受到挫折，肯定也是一种不幸。在这个时代，我们都很希望成功，所谓的成功是指得到社会的承认。譬如说，你挣了很多钱，你成了一个富豪，或者是很有地位，当了大官，或者写作，名气很大，这些都象征了社会的承认。标准低一点，你在单位里、公司里得到肯定，得到提拔，也可以算是成功。但是，我想强调一点，成功不完全是外在的东西，衡量事业是否成功不能光看名、利、位之类的外在指标，这种外在的承认只是一个方面。更重要的是内在标准，就是你的人生价值的实现。也就是说，不但要让社会承认你，你首先必须得到你自己的承认。你真正感到自己是在做自己喜欢做的事情，从中获得了精神上的充实和愉快，这样的事情才称得上是你的事业。如果是被迫去做，在做的过程中很难受，尽管做了以后得到了利益，赚到了钱，或者争得了一个职位，这不能算真正的事业，只能算是职业。

第三点我想是家庭，家庭也是很重要的，爱情、婚姻、家庭方面的遭遇也是构成一个人的幸福感的重要方面。如果你事业很成功，你也很有钱，但是你在爱情方面的遭遇很不幸，总是找不到自己真正合适的、相爱的伴侣，或者很好的爱情破裂了，对人生的总体感觉就会很不幸福。在幸福问题上，情感占的比重很大，也许女性更加看重，我认为其实对男人也一样重要。据我所知，许多伟大的男人都很重视家庭这种普通生活在人的幸福中的地位。法国哲学家蒙田就说过：和自己的亲人和睦相处，这是比攻城治国更加了不起的成就。我们只要想想，事实上有这样成就的人并不太多，就知道他的话的确有道理。比尔·盖茨有一张照片，是他跟他两岁的女儿的合影，在媒体上发表过，他在下面题词说："只有和她在一起的时候，我才感到幸福。"他是全球首富，但他感到亲情比他的财富、成功重要得多。其实我的体会也是这样，我真的觉得，父女之情、家人和睦之情是非常美好的，的确是人生中非常宝贵的财富。

第四点我想是健康，健康是幸福的一个很重要的条件。什么都有了，但是没有一个好的身体，就仍然不可能幸福。我想这很简单，你有很多钱，可是你没有一个好的身体，很多钱就没有意义。当然，既没有钱，又没有健康，贫病交加，那是最悲惨的了。现在有些人的全部生活内容是挣钱和花钱，挣钱时劳累过度，花钱时又纵欲过度，生活方式极不健康，最后也就真的毁掉了健康。我有个同事，也是研究哲学的，八十年代下海了，做得很成功，最后好像有几个亿，但是他实在太累了，生活又毫无节制，花天酒地，前两年得癌症去世了。这样的情况很多，所谓过劳死，太辛苦了，太劳累了，落得一个英年早逝，我看不值得。托尔斯泰讲过一句话，我非常欣赏，他说最高的物质幸福不是金钱，那么是什么呢，对于个人来说是健康，对于人类来说是和平。对于个人来说，有很多钱，但是没有健康，那么多钱有什么用呢？你仍然不能享受生命的乐趣。对于人类来说，对于社会来说，财富积累得很多，很富裕，像美国，但是恐怖主义横行，没有安全感，当然也不幸福。所以，套用托尔斯泰的话，我给自己在物质幸福上定的标准是，在一个和平的世界上，有一个健康的身体，过一种小康的生活。我觉得这样的确很不错了，身体一定要健康，钱达到小康水平足矣。如果人人都能过这样的生活，大多数人都能过这样的生活，这就是一个好社会、好世界。

从外在的指标来说，第五个是闲暇。我觉得闲暇也很重要，闲暇也是现代生活的一个很重要的幸福指标。一个人如果光是在那里忙碌、工作，哪怕这个工作是自己喜欢的工作，但是光工作,没有闲暇的时间来享受生活,这也绝不是一种幸福的状态。比如说，我很喜欢写作，但是如果我天天埋头在那里写，根本没有工夫和自己的家人在一起相处，也没有工夫去旅游，那我回过头去看，我就觉得这一段生活应该说是低质量的。我很赞成泰戈尔的一段话，他说，富人的富并不表现在他的堆满货物的仓库，而是表现在他有大量的空间来安排他的庭院、居室。的确，如果一个富人带你到他家里去看，他家里全是他生产的那些货物，你就会觉得他实际上是一个为钱而忙碌的穷人。我们应该为自己的生命、自己的心灵留下充足的空间,来享受生命,来享受心灵的快乐，如果这样，即使钱不算很多，我们也是真正意义上的富人。如果你总是在忙碌的话，实际上你就仅仅是在使用自己的生命，却没有享受自己的生命。

第六点是平安，就是一生中没有大的灾祸，这可能幸福的一个指标。当然了，有些灾祸是我们无法控制的，是天灾人祸，那是没有办法的，落到你头上，你只能承受。但是，我们应该尽量避免那些自己可以避免的灾祸。古希腊的哲人,像伊壁鸠鲁,他强调幸福就是快乐,人应该去追求快乐,但是他非常强调一点,就是要理性地去追求快乐，快乐应该是长远的，是可靠的。为了眼前的一种强烈的快乐，不计后果，埋下祸根，总有一天会爆发，这样还是不幸福。我看现在很多人就是这样，贪财，禁不住诱惑，做了某些事情，自己给自己造成不平安，像坐在火山上一样，不知道哪天会爆发，总是提心吊胆，这样的人，你说他幸福吗？真正幸福的人，必定是理性地去追求快乐的人。

好了，我列举了关于幸福的这些外在的条件，那么我们现在来分析一下。

这六个条件里面，我觉得，我们一般比较容易看重前面两个，容易忽略后面四个，就是看重财富、成功，把我们的精力都投在这上面，但是往往忽略了家庭，或者忽略了健康、闲暇，或者忽略了平安。应该把这六个条件综合地考虑，为了前二项而牺牲掉后四项，哪怕牺牲掉后四项中的某一项，也不能算真正幸福。

另外一点，我们可以看出来，这些外在的条件，其实并不是自己完全能支配的，在很多情况下是要靠运气，靠机遇。比如说爱情，机遇就非常重要，我就见到一些很出色的女子，总也遇不上匹配的男人，只好凑付或者独身。更不用说健康、平安了，“天有不测之风云，人有旦夕之祸福”，这是古话了，至于健康，在很大程度上也不是自己能支配的，你天天锻炼身体，吃补药，也许能防备一些常见病，但是还有基因啊，瘟疫啊，岂是防备得了的，该倒霉还得倒霉。其实成功、财富也是如此，环境和机遇都很重要，不完全是靠才能。所以，如果太强调外在条件的话，一个人对自己的幸福就没有多少主动权。

譬如说我，我现在似乎是得到了一点小小的成功，写了一些书，许多人知道我，喜欢读我的书。可是，我大学毕业以后，分配在广西一个山沟里面，那个时候，我肯定是一点都不成功的，当一个小公务员，我根本没有想到后来“四人帮”会倒台，我还会考回北京，还能写书，根本没有想到这个前景。在那个时代，在当时的环境里，如果要谈成功，最好的出路也许就是想办法当官。当时我是分配在县委机关里，那一年分配到我们县里的大学生有六十多个，只有我一个人是分配到县机关的，按理说我是有条件走当官这条路的。但是，我发现我完全不适合当官，我没有办法让我的上司喜欢我，他们的很多要求，对我的命令，我觉得我无法执行，就跟他们顶起来。另外，我喜欢读书，当时在县里面，他们就说你到现在还在读书啊，你这是清高，脱离群众，你有时间为什么不跟大家一起打牌。我很快就看明白了，我是不可能走当官这么一条路的。但是，我又没有别的出路，我就干脆不想出路的事情了，也就自得其乐地看看书，写点东西。在那个山沟里写那些东西，包括学术的、文学的，和当时的意识形态完全不合拍，毫无发表的希望，而且我当时觉得是永远不可能发表的。但是，我这样做对于我的人生来说是必要的，能够使我觉得我过得还算是有一点意义，否则一点意义也没有了。如果没有后来的粉碎“四人帮”，我从那个县城走了出来，就不会有我后来的一切。这种情况完全可能发生，当时我确实认为我不可能出来了，一辈子就这样过了，但是我还是愿意这样过，我不愿意走别的路。举这个例子，我是想说明，实际上成功这个东西，外在的成功，是需要有机遇的，这个机遇是你自己没法控制的。正因为如此，我想我们就不应该把外在的成功看得太重要，而应该更看重自己可以掌握的幸福。从成功来说，就是做自己喜欢做的事，而且做得让自己满意，当然，像我现在这样，如果能够靠这个来养活自己就更好，我觉得这是人生的一大幸福。人生的另一大幸福是和自己喜欢的人在一起，并且能够让他（她）们快乐。历尽沧桑，我的幸福观归于平淡，就是这两大幸福。

幸福的外在条件要靠机遇，靠运气，而实际上一个人的运气不可能总是很好，总可能有运气不好的时候，对于这一点，除了要求我们不把外在条件看得太重要之外，很多哲学家还强调，其实运气特别好，外在方面的条件都非常轻易地得到了，这对一个人未必是好事。因为往往是特别走运的人，一帆风顺的人，这种人容易变得浅薄。从人生来说，他缺了很多课，因为对人生的很多方面，是要通过像逆境、挫折、苦难等否定性的经历，才可能有深刻的体验。没有经历人生的磨难，你可能就会丧失人生中一些最重要的体验，你人性中一些很重要的方面可能就得不到发展。没有经历过苦难的人，其实对幸福也不会有真切的感受，因为他缺乏对比，这就真会弄成“身在福中不知福”了，就像那些纨绔子弟。所以，这些哲学家认为，最好的状态是什么？并不是幸运儿，这种人比较浅薄。当然，也不是倒霉蛋，谁也不愿意做倒霉蛋。最好的状态是幸运和不幸的适当的结合，一生中有走运的时候，也有不走运的时候，这样体验更丰富，实际上通过自己的努力也就能够得到幸福。事实上，绝大部分人都是这种状态，绝对的倒霉蛋和绝对的幸运儿是很少见的，大部分人的一生是幸运和不幸的一种结合。那么，谁也别抱怨自己的运气不好了，因为与运气太好相比，其实你现在的生活是离幸福更近，而不是更远。

还有一点，你看所有这些外在方面，实际上都必须有灵魂的参与，使这些外在条件转化成你内心的体验，同时是内在生活，才能成为幸福。你真的感到幸福的话，你肯定是有灵魂参与的，你的灵魂是在场的。所以，我就说，体会幸福是需要一个器官的，这个器官就是灵魂。比如说成功，成功仅仅从外在的指标来看的话，无非是名利，官有多大，钱有多少，名有多盛，仅仅是这些东西。但是，如果你做的事情并不是你真正喜欢的，那么这种外在的成功并不能给你多少快乐。而且，如果你完全依赖外在条件的话，这种幸福我觉得是很靠不住的。官再大，你丢了官就什么也没有了，钱再多，你丢了钱就什么也没有了。所以，从成功来说，我觉得最重要的是自己做自己最喜欢做的事，一个人在这个世界上有你自己真正喜欢的事，然后你把它做得尽善尽美，让自己满意，我觉得这就已经是成功了。至于别人是不是承认，最后是不是能给你带来外在的利益，我觉得那只是副产品，有最好，没有也没关系。

经常有人问我这个问题：你现在写的书挺畅销的，你不是说你是为自己写作的吗，可是你那么畅销，你不是也很看重经济收益吗，这和你的人生观是不是有矛盾？我就说，实际上我在写作的时候，我不会考虑市场是不是接受，能不能畅销，这个我真的不考虑。我确实感到，对于一个作家来说，最大的快乐是在写作当中，你真的写出你自己喜欢的东西，这个快乐是什么东西都不能取代的，是用钱买不来的。然后，我在得到了这个快乐以后，这个书有比较好的销路，这当然也让我愉快，但这是一个副产品，有最好，没有也没关系，因为我已经得到了最好的东西，我没有为了次好的东西放弃最好的东西。

又比如说家庭，当然，家庭和睦是很重要的人生价值，但是我想，最幸福的家庭生活应该是两个灵魂丰富的人在一起，这样家庭生活的内容也才会丰富。如果光是和睦，没有两个灵魂之间的交流，这种和睦就有点单调。所以，如果要在家庭生活中有更强烈的幸福感，我想也是需要灵魂的参与的。

再比如说闲暇。现在大家好像都挺看重闲暇的，生活分为两个部分，一个是工作和赚钱，另一个是闲暇和花钱。但是，我觉得，怎么过闲暇是很不一样的，这特别能反映一个人的精神素质。同样有了空闲，不同的人度过的方式是非常不一样的。现在很多人消磨闲暇的方式，只有感官的刺激，没有精神的愉悦，我觉得并不是在真正享受生命。有的人很有钱，就去旅游，去周游世界，这当然很好，但是如果是一个内心比较贫乏的人，他去周游世界的时候，他去干什么呢？我知道尤其是改革开放初期，有一批暴发户，他们出国，他们干什么呢？无非是两件事情：一个是逛红灯区，一个是疯狂购物。其实欧洲有那么厚的文化积淀，那么好的自然环境，但是他们都感受不到，享受不了，他们对这些也不感兴趣。到国外逛红灯区，现在当然用不着了，国内半地下的色情业很昌盛，还有包二奶之类。但是，有一点是不变的，就是你再有钱，可以买到性服务，但永远买不到爱情。

所以，很清楚，和外在条件相比，人的内在状况、灵魂状况对于幸福是更重要，这方面的状况差，外在条件再好，也不能真正体验到幸福。

三　幸福的内在方面

在哲学和宗教中，灵和肉的关系是一个根本问题。我们有一个肉体，有一个身体，这个身体是必须要生存的，为了生存，我们就要去挣钱，要到这个社会上去活动。这构成了我们的肉体生活、外在生活，当然这一部分生活很重要，是一切生活的前提。但是，我们的生活还有另一个部分，就是内在的生活，灵魂的生活。问题就在于，二者的位置怎么摆。

对于幸福问题，西方哲学史上有两派观点。一派叫作快乐主义，伊壁鸠鲁开创的一派，一直到英国的经验论者，像约翰·穆勒、边沁，他们是快乐主义流派，认为幸福就是快乐。另一个流派叫作完善主义、完善论，或者叫自我实现论，认为幸福在于自我实现，在于人格上的完善。但是，这两派在有一点上是共同的，就是认为精神的快乐要远远超过肉体的快乐，这个高层次的快乐是幸福的源泉和主要因素。在西方哲学史上，找不到一个哲学家，他主张幸福就是纯粹的肉体快乐，这种幸福观不存在。希腊哲学家伊壁鸠鲁，他是快乐主义的祖师爷，他所提倡的快乐是肉体的无痛苦和灵魂的无纷扰。什么意思呢？肉体不痛苦就是快乐，实际上你身体的这个要求是很低的，你不要有更高的要求，那样会对灵魂造成纷扰，会破坏灵魂的快乐。

快乐主义哲学家、英国经验论者约翰·穆勒，他对这个问题讲得最清楚，他说幸福、快乐是有层次的，有质的不同，有的是比较低级的快乐，有的是比较高级的快乐，但是一个人只有同时享受过两种快乐，有了比较才会知道。一个人如果沉溺在肉体的快乐中，从来没有品尝过灵魂的快乐，他就永远不会知道灵魂的快乐是一种多么强烈而美好的快乐。他有一句名言，他说，不满足的人比满足的猪快乐，不满足的苏格拉底比满足的傻瓜快乐。如果你是一头满足的猪，那你就永远不会知道那种精神的快乐有多么快乐。但是，实际上每一个人，从人性来说，他不会只是动物，他一定还有比动物更高的那一面。所以我说，每个人心里面都藏着一个不满足的苏格拉底。但是，有的人的不满足的苏格拉底，也就是他的精神层面没有觉醒，所以他始终还不知道精神的快乐远远超过物质的快乐。

我们知道，美国有一个心理学家叫马斯洛，他有一个著名的需要金字塔理论。他说，人的需要是有层次之分的，像个金字塔一样，底部是生物性的需要，包括生理需要和对安全的需要，中间是社会性的需要，包括交往的需要和受尊重的需要，顶端是精神性的需要，就是自我实现的需要。在这样一个结构中，如果较低层次的需要还没有得到满足，较高层次的需要就不会显现出来。比如说一个民工，他的生物性需要还不能满足，吃不饱，在为生存而挣扎，所谓自我实现的需要就根本谈不上，那太奢侈了。一个还在为生存挣扎的人，你无权要求他有多么高的精神追求。不过，实际上有些人即使生存的需要都不能满足，仍有很高的精神追求，比如梵·高，还有别的一些生前没有被社会承认的大艺术家，穷困潦倒，吃了上顿没下顿的，但是他们就是喜欢精神的创造。当然，这些人是天才，不能用这个标准去要求一般人。对一般人来说，我们至少可以要求你低层次的需要得到满足以后，高层次的需要会显现出来，这一点表明了你的潜在的精神素质究竟怎样。可是，我们确实看到有一些人，他们那种低层次的需要、生存的需要、生理的需要已经大大地满足了，但是高层次的需要、精神的需要始终没有显现出来，沉湎在低层次的需要中不能自拔，这就是素质问题了。从这一点来说，人还是有素质的区别的。当人的物质需要、生存需要得到基本满足以后，精神性的需要是不是显现出来，精神欲望是否觉醒，有没有精神上的追求，这一点是对人的素质的检验。

实际上在一个人的生活中，物质性的需要是很有限的，物质带来的快乐也是很有限的，只有精神的需要、精神的快乐才可能是无限的。精神的世界，你可以不断地往里走，越往里走它越宽阔，你会有越来越多的收获，越来越强烈的快乐，精神的这种享受真是无限的。精神的享受也并不需要多少物质条件，比如读书、思考、写作，当然前提是你能够养活自己，在这个前提下，这些事本身不需要花什么钱。听音乐、画画可能要花些钱，但也有限。所以，如果你有一个丰富的内心，精神的快乐基本上是自足的。这样，你实际上在自己的身上就有了一个最大的快乐源泉，幸福的一个可靠源泉。你看，在同样物质条件比较差的情况下，有的人可以自得其乐，有的人就感到无法忍受，原因就在于他们有不同的内心世界。由此可见，人和人的真正的区别并不在于外部生活的不同，而在于内心世界的不同。内心世界不同的人，表面上看起来，可能外部条件差不多，但实际上他们过的是两种完全不同的生活，他们生活在两个完全不同的世界上。正是在这个意义上，我一直说，幸福其实是一种能力,并不是谁都能够幸福的,你自己必须具备幸福的能力，才可能真正体验到幸福。那些总也不快乐的人，那些总是怨天尤人的人，太应该扪心自问，自己是不是缺少了一点什么内在的东西。

我讲到现在，就想说明一个意思，就是对一个人的幸福来说，外在条件虽然也需要，但是更重要的是内在条件，就是灵魂的丰富，内在生活是幸福的主要方面，是幸福的源泉。那么，内在生活有哪些方面对于幸福是重要的呢？我想像列举外在生活指标一样来列举一下内在生活的指标，我们可以把它们看作幸福生活的软件。当然这些指标只是相对的区分，它们实际上是不可分的。

第一点是创造。我讲的创造不一定是指艺术家画画、作曲，不光是艺术的创造，实际上每一个人，他都是有一种潜力的，有一种潜在的能量的。我相信每一个人都是独特的，上帝造人的时候，没有两个人是造得完全一样的，从基因上来说，他也是独特的。那么，对于每一个人来说，他能够真正把他潜在的能力、他的禀赋发展出来，让他的独特价值得到实现，这就是创造。怎么知道你的禀赋、你的独特价值在哪里，是否得到了实现呢？我觉得有一个可靠的标志，就是你真是感觉你在做你最喜欢做的一件事，我觉得这一点非常重要。在这个世界上，当然可能有许多事是吸引你的，有的是因为时尚，有的是因为利益，但是你仍觉得最重要的是你在做的这个事，你是打心眼里喜欢，是你的最大快乐，相比之下，别的都算不了什么了。最不幸的是你在世界上找不到自己真正喜欢做的事，我觉得那是最不幸的，因为那实际上是你还没有发现自己。应该有你真正喜欢做的事，并且把它做好，我认为这就已经是创造了。

第二是体验，就是你的灵魂对于世界上的美的体验，比如欣赏大自然，欣赏艺术。这种体验当然也是非常大的愉快，你会觉得生活在这个世界上真是幸福。

第三点是爱，我觉得对于灵魂的幸福来说，爱是特别重要的。爱的形式很多，包括爱情、亲情、友情，也包括更广大的爱，博爱，对一切生命的同情。在我看来，不管是哪一种形式，爱的共同本质是给予，爱就是一种给予的快乐。这一点在对孩子的爱里表现得最典型。事实上，许多普通人就是在对孩子的爱之中感受到了人生最强烈的幸福。当然，境界更高一些，就是博爱，从帮助受苦者中感受人生的意义。世界上有许多人道主义者、宗教家、慈善家，包括西方许多大富豪，就是在这种对穷苦人民的给予中品尝到了真正的精神快乐。

第四点是独处。我特别看重独处，想多说几句。我们这个时代，太浮躁，太喧嚣了，人们为了物质生活更好一些，都在那里奔波忙碌，很少有时间关注自己的内心，我觉得这很可悲。我是研究尼采的，尼采是十九世纪后半期的人，离我们现在一百多年了，那个时候他已经受不了当时那个社会的热闹，其实你到现在的德国看看，现在的德国还是很安静的，比我们安静多了，但是尼采那个时候已经受不了了。他说，现代人活得太匆忙了，吃饭的时候也在看报纸，思考的时候手里拿着表，掐着时间思考，我思考几分钟。他还说，现代生活像一条急流滚滚向前，人们都停不下来，不再有沉思的时间，不再有宁静的内心生活。如果你静下来了，就会受良心的责备，人家都在忙，我怎么这样无所事事，好像觉得不对头了。他又说：我经常站在闹市口，看人们行色匆匆地走过，好像个个都是大忙人，都有要紧的事情要办，这时候我脑子里就会冒出一个愚蠢的问题——他们上哪里去？到底想干什么？

这样没头脑地忙碌，盲目地忙碌，我觉得的确很可悲。一个人首先还得是自己，怎么才能是自己呢？得有自己的内在生活。所以，我认为独处是非常重要的，独处就是培养过内在生活的习惯。一个人不能老是活动在外部世界上，得有自己的内在世界。我打个比方，如果说世界万象是食物的话，你在外部世界里的活动就是在吃食物，但是你是需要消化的，你安静下来独处就是在消化。你在外部世界里得到了那么多的印象，眼花缭乱，如果没有一个消化的过程的话，那些东西全是白费的，都不能变成你的营养，在精神上你是消化不良的。同时，独处也是你的自我的一个生存空间。独处的时候，你是在和自己谈心，在和自己的灵魂进行交谈，或者用我的话说，是在和自己的上帝进行交谈。独处是一个人面对自己的灵魂的时候，或者说是你的灵魂面对上帝的时候，这正是一个人的精神升华的时候。每隔一段时间，你回到自己，整理自己，你就会感觉充实得多，你再到外部世界里活动的时候，你就有自己的眼光了，有自己的角度了，你的眼光不是散的，是凝聚起来的，我想这个很重要。

一个人最好的朋友还是自己，要善于做自己的朋友。古希腊有一个哲学家叫芝诺，人家问他：谁是你的朋友？他回答：另一个我。我觉得这是很深刻的。在外面活动的时候，你是一个生活在世俗中的我，但是你必须还有另一个我，一个更高的自我，这个更高的自我实际上就是一个理性的自我，一个灵魂的自我，他是你的最忠实的朋友，他会随时随地听你的调遣，你有了苦恼，你有了想不通的事情，你就跟他谈。要学会自己跟自己谈心，与自己的灵魂交朋友。

一个人是不是能独处，我觉得这是一个检验，检验他有没有灵魂生活。没有灵魂生活的人，他是不能独处的，他自己待着受不了，他必须到别人那里去，或者必须有一件事情要做，他如果没有事情要做,旁边又没有别人,那个时候他是最难受的。对于这样的人，尼采说过一句话，他说这样的人如果到别人那里去，对别人是一种打扰。为什么呢？因为这样的人是很空虚的，自己都不爱自己，自己都受不了自己，这样的人别人怎么受得了啊？他和自己在一起都觉得无聊，他到别人那里去，也只能把无聊带给别人。一个人对别人要有价值，首先自己必须是有价值的。你对别人有价值，是因为你丰富，你能给别人东西，你的丰富从哪儿来？你的丰富就是通过你的精神生活，你阅读，你思考，从这里得来的。当然，你也需要活动，你可以有一番轰轰烈烈的事业，但你要善于把这些东西变成你的内心财富，变成了内心财富，才可能对别人有用。所以，要有自己的内心生活，这一点很重要，尤其是年轻人，要养成一段时间就回到自己这样的习惯，能够静下来想一想自己的事情，想一想自己生活的意义问题，要有这样的时候。

为了养成独处的习惯，我建议年轻人写日记，写自己的精神日记，灵魂日记，不要记流水账，而且日记不要给别人看，最亲爱的人也不让看。只有这样，才能写得很诚实，才真正是与自己的灵魂交谈。我常常想起托尔斯泰的事情，托尔斯泰非常看重写纯粹私人的日记，把这看作过灵魂生活的重要方式。但是，他在这方面的遭遇颇为不幸。他跟索菲亚订婚以后，他特别激动，在日记里说，我现在觉得我是世界上最幸福的人。他很爱索菲亚，索菲亚比他小十多岁，她那时真是非常漂亮，他们俩恋爱了很长时间，终于订婚了，他感到非常幸福。但是，他说，同时我想到，我以后不能为自己写日记了，我想到我写日记她可能会看，我就感到很不安。后来果然，他们结婚以后，他一写日记，他的夫人就要看。有一天，他在日记里说，我现在非常讨厌我自己，因为我写的时候，我就想到另外一双眼睛会看，我就不可能做到完全诚实。并不是想有意隐瞒什么，而是因为完全写给自己的东西，和写可能别人会看到的东西，状态是不一样的。他把日记看成他的完全私人的灵魂生活，这个时候，这种感觉没有了，被破坏了。从此以后，夫妇俩为日记的事情经常打架，他不想给她看，但是她一定要看。最后没有办法了，怎么办？最后他写了两份日记，一份是太太能看到的，一份是不让太太看到的。可是都在一个家里住，没有地方藏，藏到哪里呢？他藏到了自己的靴子里，但还是被他太太翻出来了，又大打了一架。那次打架以后不久，托尔斯泰出走，离开了家，到附近一个小车站就感冒了，得了肺炎，死在了那个车站上。所以，我说，他是为了捍卫写私人日记的权利、捍卫灵魂生活的私密性而牺牲的烈士。我讲这个故事是想说明，我们一是要写自己的私人日记，另外对最亲爱的人也要尊重他的这种自由，不要去干扰他的灵魂生活。如果你们互相同意的话，可以互相看部分内容，但一定不要全部敞开。全部敞开，表面上看来，好像你们俩感情非常好，实际上我觉得比较肤浅。写完全属于自己的日记，那是一个完全诚实面对自己灵魂的空间，这个空间应该保留。现在，我跟我的太太就是这样的，我从来不看她的日记，她也从来不看我的日记。我觉得这样非常好，丝毫不影响交流，而且这样的交流更有质量，因为是在对自己完全诚实的基础上的交流。

第五点是阅读。这次是读书节，我不妨也多说几句。我觉得阅读是使自己的灵魂丰富起来的最重要途径之一，也是人生最大的精神快乐之一。据我观察，许多人在大学上学的时候是有阅读习惯的，出来工作，一忙，慢慢地就把这个习惯丢了，我觉得是很可惜的。我说的阅读，指的是读那些真正的好书。我建议一定要读那些最好的书，人生有限啊，你能够用来读书的时间其实是非常有限的，世界上的书是汪洋大海，你不管怎么努力地去读，也只能舀大海里的一瓢水，所以你一定要去舀那瓢最好的水。可是哪一瓢水是最好的呢？我想这个对每个人都不一样的，你要自己去发现对你好的那一瓢水。被时间检验出来的好书，时间所承认的好书，那些经典名著，那些大师的作品，我想那些作品你读了一般不会觉得上当。现代人读有的书比如说《荷马史诗》也许很难读下去，往往是硬着头皮读的，但是经典名著中的大部分还是很好读的。读书一定要读好书，不要读那些平庸的书。

现在的图书市场，说实话，泥沙俱下，现在书的数量太大了，每年出那么多的书，但是其中大部分都不值得一读，尤其对于媒体所炒作的书，大家要提高警惕。我们这个时代的特点是媒体成为文化的主宰了，媒体在引导人们什么叫文化，要读哪些书，这种情况我觉得是很可怕的。对于一个真正爱读书的人来说，他是有自己的选择的，他不会听别人说哪本书好他就去读，他养成了读书的习惯的话，他知道哪些书好，他有他自己的高趣味，自己的判断力。对于这些人来说，媒体的宣传不起作用，不成为问题，让他们去宣传好了。但是，有很多人还没有形成自己的趣味，他不知道什么书是好书，恰恰媒体对他们的影响是最大的，而正是这个文化素质较低的人群最需要通过阅读来提高素质，可是媒体却把他们的阅读品位引导到和维持在了一个低水平上，所以他们是最大的受害者。我们对出版没有一个严肃的评论机制，风气很不好，出版社选中了一本书，想把它变成畅销书，就找一些人捧场，那些人往往是商业出演，或者是友情出演。我希望大家在读书的问题上不要听媒体的，我可以断定，畅销书里面大部分是过眼烟云，热一阵就过去了，没有再读的价值。其中好一些的是所谓“文化快餐”，你偶尔吃一顿未尝不可，老吃就必定营养不良。更糟的是畅销的垃圾，你不要把自己变成一个垃圾箱。

所以你真正爱读书的话，起点就要对，起点就要高，一开始就应该去读那些好书。如果说你不知道哪些是好书，那么你应该知道哪些是名著吧，这个大家都是知道的，这个是有据可查的，你就先去读那些书，从那里面去找你的知己，找你真正爱读的书。在这方面，我感触特别深。我从小就特别喜欢读书，初中的时候，家里给我的钱很少，就是去学校的车费，几分钱，我把那几分钱省下来，每天都是走路上学和回家，把省下的钱拿去买书。但是，直到高中的时候，我一直不知道该读什么书，没有读几本真正的好书。那时候没有媒体的炒作，没有人误导我，但也没有人指导我，我自己摸索，读那些知识类的东西，什么文学、历史、哲学都是读那些知识性的小册子。这些东西当然也有一定用处，但是，我后来读了那些西方名著，就感觉那个时间是浪费了。进大学后，我开始读西方的名著，比如说俄罗斯的文学，西方的文学，我读了之后就感觉这真是一个宝库啊。我是哲学系的学生，当时的哲学课都是那些教条的东西，我用大量时间来读世界文学名著，收获极大。最大的收获是什么呢？我觉得我内心中形成了一个标准，一种辨别的能力，我知道什么是好东西了，从此一接触到那些平庸的东西，更不用说那些垃圾，就碰也不愿碰了。

如果说独处是和自己的灵魂相处的话，那么阅读就是和世界上、历史上那些伟大的灵魂相处，和他们进行交流。一个人的灵魂的成长是需要养料的，那些大师们写的东西就是最好的养料。如果你真能够深入进去，感觉到自己是在和那些大师们进行对话，那种快乐真是太强烈、太美好了。人类积累了很多物质的财富，我们都很在乎享受这些物质的财富，最新的技术发明，比如各种各样、越来越新款的手机，我们都要享受这些物质性的东西。但是人类还积累了大量精神财富，这些财富主要是通过艺术作品和书本来体现的，那是更宝贵的财富，你不去消费它们？你用什么方法去消费它们？就是去读它们、欣赏它们嘛！你如果不去读那些书，不去欣赏那些作品，实际上人类的精神财富和你是无关的。德国哲学家奥伊肯说过，实际上这些精神的财富，人类的精神传统、精神财富，是外在于每一个个人的，需要每一个人自己去占有它。如果你不去阅读和欣赏的话，你就是没有去占有，它们就不属于你。本来它们是属于任何人的，没有一个人在精神财富面前有特权，但是很多人自动放弃了自己的权利。我曾经想，如果我没有突然开悟，发现了这个宝库，看了很多好书，而是一直在蒙昧中，一辈子就这样过去了，我是遭受了多大的损失啊，而我自己竟然还不知道，这有多么可惜。

阅读最重要的意义并不是给你一些知识，当然我们通过读书可以得到一些知识，我们也可以去读一些知识类的书，一些实用的书，因为我们用得着，但是这个不算真正的阅读，这个只能算是你在做事情，这是你做事情的一部分，你的生存的一部分，你为了生存需要这些知识。真正作为精神生活的阅读，是读那些有精神含量的书，你读的时候确实感到了精神的启迪，或者得到了精神的愉快，你在阅读的同时就是在过一种精神生活，这样的阅读才是严格意义上的阅读。我想阅读的真正意义是在这里，这才使得阅读成为灵魂生活的一个重要组成部分。

幸福的内在方面还有很重要的一点，就是信仰，但是这是一个大题目，有机会再谈，今天就不说了。

四　财富观

下面讲一下财富观的问题。从人生观角度谈财富观，实际上它是幸福观的一个方面，但是，我在开头说了，我们这个时代的特点是崇尚财富，无论是国家安排它的政治生活和经济生活，还是每一个人安排自己的人生，财富都成了一个最重要的目标，成了这个时代的中心。所以，我把把财富观独立出来讲。

应该怎么看财富呢？毫无疑问，财富是衡量生活质量的指标之一。为了生存，你总是需要一定的生活资料的，在这个货币社会里，没有钱是绝对不行的，在没有钱的时候，钱是最重要的。让我们记住，对于穷人来说，钱是第一重要的，因为它意味着活命，能够过最基本的人的生活。对于社会来说，让穷人至少有活命钱也是第一重要的，否则这个社会就不可能安定，不可能长期存在下去。一定的物质保障是幸福的不可缺少的条件，如果一个人要把全部精力用来为生存操心操劳，当然就谈不上幸福。

在基本生活有了保障以后，钱的增多也许仍然能够提高生活质量，但是这种作用会越来越小，基本上是递减的。我们这个时代过分强调财富，好像钱越多就越幸福，其实不是这样的。当你钱比较少的时候，可能你的钱在增加，对提高你的生活质量还很有用。对于一个钱少的人来说，增加一点就是已经是很多了。一个月我只有五百块钱，变成一千块就翻了一倍，不妨说我的生活质量就可以提高一倍。从一千块到两千块，也许又能提高一倍，我能买更多的生活必需品。反正随着钱的增多，居住条件、饮食都会改善。在一定的限度内，钱越增加，生活质量肯定会越提高，我觉得这一点是不可否认的，谁都愿意自己的物质条件会好一些。但是，超过了一定的限度，金钱对于生活质量的作用是递减的，还有作用，但这个作用越来越小。有了很多钱以后，再增加的钱，当然你还可以把房子弄得更大一点，还可以多买一套房子，但是你的生活质量就因此提高了？不见得。当我没有住房的时候，有一间房子，我的生活质量就大大地提高了。如果我的空间很小，只有五十平方米，变成两百平方米了，那我的生活质量当然也大大提高了。从两百平方米变成一千平方米的时候，生活质量就提高了五倍？然后再去买几套豪宅，生活质量又提高了多少倍？绝对不是，因为大部分的空间是用不着的，对你的生活是没有任何作用的。你最多是很奢侈，但很奢侈不等于你的生活质量提高了。钱就是这样，越多就和个人生活越没有关系。你有几千万还是几个亿，所谓身价有所不同，但是你的个人生活不会因此有任何不同，它们只是一个数字而已。

所以，金钱对于一个人的生活质量的作用是有限的，随着金钱的增加，它对生活质量的作用是递减的，而到了一定限度就完全不起作用了。这个原因很清楚，因为实际上每个人所需要的物质条件是有限的。为什么是有限的呢？这是由我们的生理构造决定的，我们的生理构造决定了我们的肉体需要是有限的，无非是食宿温饱之类，并决定了这种肉体需要获得满足以后的快感也是有限的。在我们国家过去很穷的时候，每人一个月只有半斤肉票，那个时候可能吃上红烧肉就觉得很快乐了，但是现在有些人天天山珍海味，快乐未必超过那时候吃红烧肉，原因就在于食欲能给你带来的快感是有限的。无论食还是性，还有居住，反正人的肉体需要都以适度为最佳，太多就麻木了，都是过犹不及的。物质条件超过身体需要以上的部分，并不是身体真正感觉到快乐，那可能是一种虚荣心的满足。当然，虚荣心的满足也可以算一种精神的快乐，不是肉体的快乐，但虚荣心的满足是一种比较低级的精神快乐，世界上还有更高级的精神快乐。所以，钱再多，你不能从物质方面去提高生活质量了，只能从别的方面去提高了。从什么方面？当然是精神方面。如果你的精神方面没有提高，你的生活质量也就到此为止了。

财富对生活质量的作用是有限的，不但表现在它带来的身体快乐有一个限度，更表现在它在提供积极享受方面的作用极其有限。关于这一点，我刚才已经说过了，人生一切积极的享受都需要有灵魂的参与，都依赖于心灵的能力，是钱买不来的。我听一个富豪说这样一句话：钱能买到的东西都不值钱。我相信这是他的真实体会。

财富对生活质量的作用不但是有限的，它还可能有副作用，有坏的作用。一个人如果把很多的财富都用在自己的消费上，在消费上很奢侈，我想结果会是生活质量的降低，而不是提高。奢侈的生活强求服务，其实是奴役，你会活得很复杂，并不自由。希腊哲学家特别强调一点，就是人活得简单才能活得自由。苏格拉底说过一句话："一无所需最像神。"一个人把对物质的需要降到最低的程度，这样的人最像神。我确实觉得一个有神性的人真是这样的，有神性的人就是最重视灵魂生活的人，一方面，在物质生活这个层面上，他的需要量极小，最少的物质就能让他满足，另一方面，再多的物质也不能让他满足，物质生活无论怎样奢侈，都不能满足他的需要，因为他的需要是在精神上，他的精神欲望只能用精神事物来满足。一个人活得太复杂，物质的东西太多，我觉得真是一个累赘，其实许多东西你是不需要的。古罗马哲学家塞涅卡说过一句话，他说有许多东西，我们之所以觉得需要它们，只是因为我们拥有它们。你拥有了这些东西，你就觉得它们不能缺少了，其实呢，你在没有它们的时候并没有觉得需要它们。我曾经去了一次南极，在那里住了两个多月。离开北京时，行李重量规定是40公斤，那我们就尽量简单了。到了圣地亚哥，在那里转机，那里的机场只允许带20公斤行李，所以我们又减，但我们在南极也活得挺好啊。回想起在家里的时候，觉得许多东西都需要，不能扔掉，东西越积越多。其实很多东西真的是不需要的，东西越多，你往往成为它们的奴隶，要去伺候它们，而不是它们来为你服务。所以我认为，这是财富的一个坏处，就是使人不自由。

财富的另一个坏处是，我们中国人喜欢为子孙积累财富，这样往往是害了孩子，造就纨绔子弟，什么都不会，就知道享受。现在富人家庭有不少这样的情况，把孩子养在国外，可是这些孩子完全没有独立生活的能力，也不想独立，一切都靠父母，前景堪忧。

另外，我们看到，在我们现在的社会环境里，财富很容易遭妒，会带来不安全。我看到去年有一个统计数字，全国富豪排行榜里有四个人是不正常死亡，其中三人是被杀的，我们深圳不是也有一个很典型的例子，就是周一男全家被杀。

当然，严格地说，这些坏处不是财富本身的，是由对财富的态度造成的，最后一点则是由社会环境造成的。所以，关键还是对财富要有一个正确的态度，你再有钱，也要做做财富的主人，不要做财富的奴隶。自己或者让孩子过奢侈的生活，实际上就是做了财富的奴隶。至于社会环境，现在最大的问题是贫富悬殊，这是造成富人不安全的主要原因，富人应该承担起改变这种状况的一份责任。

我就讲到这里，下面我们交流。

现场互动

主持人：今天下午周国平先生给咱们做了非常深刻也非常丰富的报告，集中谈了对幸福和财富的理解。让我们再次以热烈的掌声向周国平先生表示感谢！（掌声）咱们今天也应该非常感谢在座的各位读者朋友，因为条件有限，咱们在这个有限的条件下追求高尚的精神生活，很多的读者只能坐在地上，在此表示歉意，也非常感谢大家的配合，谢谢大家！接下来咱们有很多是周国平老师的忠实的读者，他们也准备了很多的问题，让我们今天就这个机会，请周国平先生与大家交流。有两种方式，通过话筒现场提问，还有就是递纸条来交流。

问：周老师我想问你一下，你觉得你自己幸福吗？

答：我觉得我现在挺幸福的。我觉得我现在对幸福的看法已经比较朴实，我对幸福的理解可以归结为两条，一条是做自己喜欢做的事，而且靠做这个事能够养活自己，另一条是和自己喜欢的人在一起，并且让她们快乐，我觉得我这两条都基本做到了。

问：周教授我想问您，您对西方哲学研究得很深刻，但是我更想知道，在您眼中，中国哲学和西方哲学它的相通、相一致之处，因为我觉得，现在东方文化、西方文化有很多非常大的不同，而且影响到了社会的发展，影响到了整个社会的价值观和道德观，所以我就很想听听你的看法。我相信，在北大哲学系就读期间，您对中国哲学应该有一些比较深的接触吧？谢谢！

答：您对我在北大这些年的学习情况估价过高。（笑声）我那个时候只看了一些基本的书，比如说《孔子》《孟子》《老子》《庄子》，没有深入的研究。总的来说，我对中国哲学的评价要比对西方哲学的低。中国哲学当然也有很多好的东西，尤其是我很喜欢的老庄哲学，但是就中国哲学的主流来讲，也就是儒家哲学，就这个主流来讲，和西方哲学相比较，我觉得有两个大的欠缺。一个欠缺是缺乏那种超越的精神，就是形而上学，追问有形世界背后的无形的本质，追问终极的意义。这个东西在西方哲学里是一个主流，中国哲学在这一点上就比较欠缺，尤其是儒家。儒家基本上是社会哲学，伦理哲学，政治哲学，它缺少这种追问。这是一个缺点。另外一个大的缺点，就是我觉得在中国哲学里面没有个人的地位。西方哲学强调个人，个人主义是西方伦理的核心，它讲的个人主义并不是自私自利，它强调的是每一个个人都是独一无二的、不可重复的个体，都有不可取代的价值，你要尊重他的价值。如果说人性是利己的话，这一点也是无可非议的，因为人作为一个生物体来说，他就是要生存、要发展，在这个意义上你可以说他是利己的。问题在于每一个人都可以利己，但是要尊重他人同样的本性，也就是不能损人，由这里面就发展出了一套规则，就是每个人都是自由的，但是你不能侵犯别人同样的自由，这是西方政治思想的一个基本内核。但是，我们中国从来不强调个人的价值，我们强调的是社会的稳定，社会的秩序，就是孔子说的“礼”，“克己复礼”，为了社会的稳定把个人克服掉。我觉得中国儒家哲学有这两个很大的弱点，而这两个弱点直到现在还影响到我们的社会，现在的很多问题，如果你追到根源的话，并不是市场经济造成的，是中国传统的这种弱点造成的。

问：你刚才谈到幸福的六个外在条件，其中之一是财富，那么是否可以这样理解：在中国农村的大多数地区，是不存在幸福的？

答：当然是这样的。当然，我不否认，人在穷苦中也可以有某些幸福的时刻。但是，从总体上来说，在中国大量农村地区，许多农民还在为基本的生存而挣扎，土地被侵吞，流落到城市又受到歧视，生了大病看不起医生，孩子上不起学，谈什么幸福？说他们幸福，就是昧着良心。

问：周老师，您好，我可以提一个无聊的话题吗？我希望您谈谈现在婚姻和幸福的问题，离婚的话题。

答：你是要我从理论上谈还是要我“交代”？（笑声）这个问题太大了，婚姻和幸福的问题，我觉得是一个特别复杂的问题。婚姻在人的幸福中处的地位很重要，可能女人会感觉更重要一点。现在很多人在婚姻上确实有困惑，有曲折。我想这里面有时代的原因，就是我们这个时代应该说是诱惑和变数比较多的一个时代。另外一个原因，我认为是婚姻本身的问题，婚姻本身是一个很矛盾的东西，但大多数人又不能没有婚姻。婚姻它的矛盾在什么地方呢？婚姻是要把三个不同的东西统一起来，一个是性，一个是爱情，一个就是婚姻。性遵循快乐的原则，从性作为一个生理需要来说，它就是追求快乐的，爱情遵循的是理想原则，它很理想主义，要完美，而婚姻遵循的是现实原则，两个人在一起生活，就必须面对许多实际问题，要有理智的态度。在婚姻内部其实装着这三个不同的东西，它们常常互相冲突，使婚姻发生问题。有些人也许处理得很好，婚姻就比较完美，更多人是虽然有欠缺，但是知道不能求全，也就不求全了，这样婚姻也比较稳固。现在我只能讲这么多，至于我的“交代”，我的书里面都有了，你们自己去看。

问：周教授我想请问一下，刚才您谈到内在生活指标第一条是创造，而且说把一个内在的禀赋实现出来就是创造，我想问一下您，一个人的内在禀赋在哪一个阶段表现得比较明显或者自己能够感觉到，或者被社会认可？社会的承认和人的内在禀赋是什么关系?

答：其实一个人是最难认识自己的，你到底有些什么样的禀赋，你是一个什么样的人，自己很难认识，所以古希腊人要把“认识你自己”当作神的箴言,放在它最重要的德尔菲神庙上。我自己的体会是，如果你知道什么事情是你不喜欢做的，你一做就烦，什么事情是你喜欢做的，做起来很愉快，你就大致知道自己的禀赋在哪里了。你刚才提出时间的问题，我想这可能是因人而异的，从我自己来说，我觉得我比较清楚地知道我是一个什么样的人，我的能力在哪里，大约是在我三十来岁的时候，那个时候我就知道读书和写作是我最愉快的事情。可能我还有别的禀赋没有被我发现，可能就浪费掉了，这种可能性也有，但是我想到现在为止我做的是我很喜欢做的事，能够到这个地步也就很可以了。不过,禀赋的实现和社会的承认是两回事，后者在很大程度上取决于社会的环境。在一个良好的社会环境里，两者可以最大限度地趋于一致。情况应该是这样，你做合乎你的禀赋的事情当然能够做得最好，也就容易得到社会的承认。

问：您觉得中国现在的社会对哲学是不是有真正的需求?另外，中国未来会不会产生能够影响我们这个社会的新的哲学体系和哲学思想家?

答：我觉得现在的中国社会对哲学是非常需求的。实际上，在任何时代，哲学都不是热门，不是大众的事情，但也不是个别专家的事情，我想可能都是灵魂追求比较强烈的这一部分人的事情。那么，在我们这个时代，正是因为这样一个物质主义的环境，很多真正有灵魂追求的人就感到压抑，感到孤独，我想这些人是最需要哲学的。从另外一个角度来说，我们这个时代是一个没有信仰的时代，我们以前有一种意识形态，现在这个东西也不能指导我们的生活了，在这样一个时代，可能哲学能够提供一种方式。德国哲学家雅斯贝尔斯有一句话说得好，大意是说哲学能够为寻求信仰而又没有找到的人提供了一种有信仰的生活。哲学实际上就是寻求信仰的一个过程，你始终走在路上。如果你真正深入到哲学里面去，你总是在思考世界和人生的根本问题，尽管没有也不可能得出一个最后结论，但是，你总是在这样一个状态中，这本身就给了你人生一种格调，思考这些问题的人和不思考这些问题的人，他们的生活是不一样的。那么，中国在未来短时间里会不会出现创建自己体系的哲学家呢？我本人认为不会，我看不到这样的前景。因为我觉得，中国真正要出哲学大家的话，不是有没有一两个天才的问题，而且天才的产生也不是个人天赋的问题，这是一个土壤的问题，我们的这种土壤，我觉得产生不了这样的大师，不光是哲学大师，文学大师也产生不了。为什么？因为我们这个文化是一种实用性的文化，无论什么精神活动，如果它不能产生出物质的成果，我们就不承认它有价值，一切价值都要把它归结为、转化成物质价值，我们才承认它是价值，这是一个很要命的问题。所以，首先必须改变实用性，然后我们才可以谈出大师的问题。

问：周老师，我记得十年前第一次看您的作品的时候，有一句话让我非常震撼，就是："女人搞哲学对女人和哲学两方面都是损害。"您还说过："看着一个可爱的女子登上形而上学的悬崖落泪，我不禁心疼。"但是有趣的是，您现在的太太就是一位哲学系的博士生。我想问一下，您是不是以行动颠覆了您的理论呢？

答：首先声明一下，那句话是开玩笑的。（笑声）那个时候我还是研究生，参加一次哲学会，当时有男生也有女生，我开玩笑奚落那个女生，说了这句话，旁边那个男生听了特喜欢，说这句话太好了，可以入书。后来我出随感集《人与永恒》时，就真的编了进去。（笑声）不过，看有的女孩子学哲学，我确实有点儿心疼，因为我觉得哲学你真的学进去了，会有两种结果，一种是变得越来越深刻了也就越来越痛苦了，还有一种是变得越来越枯燥也就是不美了，反正都不好。至于我的太太，我跟她谈恋爱的时候，对她的最高评价就是：你不像一个学哲学的。

问：尊敬的周老师，非常感谢您给我们上了一堂丰富的精神生活方面的课程。您讲的幸福的这些内容，客观上的一些因素，财富，事业的成功，家庭，等等，还有内在的一些东西，我觉得在我的生活中都拥有了，做到了。但是，在生活中，我又有很多苦恼，还比较浮躁，也有一些迷茫，如果是这样一种状态的话，我怎么去重新面对生活？

答：我回答不了，因为我不知道你迷茫的是什么。(笑声)不过我想，幸福绝对不是一种没有痛苦的状态，最大的不幸是麻木或空虚，既没有快乐，也没有痛苦。我相信你是一位成功的女士，你仍然有苦恼和迷茫，这证明你有一颗活泼的心，我要祝贺你。我说不出更具体的，因为我不知道你的具体问题是什么。

问：周老师，你好，很高兴见到你，我这里有一些问题。刚才周老师说，西方哲学比中国哲学优秀，对此我不是很苟同。我觉得虽然西方哲学的体系非常完备，但是中国哲学也是源远流长，而且中国的哲学不仅以儒家学问为代表，就儒家来说，官方利用了儒学里面一些观念所形成的哲学也并不是中国哲学的精髓，对这个观点不知道周老师怎么看？第二，我觉得周老师很博学，引用了很多哲学家的观点，我就想问一下，周老师您在研究尼采的时候，你自己有什么创造呢？第三个问题是，我觉得周老师刚才讲的那些东西，好像给人一种小富即安的感觉，不知道您怎么看？

答：第一个问题，我不否认中国哲学里有精华的部分，就儒家来说，我觉得最好的还是孔子，很大气，不像后来一些人那么迂腐或功利。我强调中国文化传统的两个缺点，是因为我认为它们在今天还有严重影响，阻碍了中国的现代化，必须解决。和西方比较，我们有没有这两个缺点，这个问题可以讨论，如果你能反驳我，我愿意听。我们当然也应该发掘中国传统的优点，但是要这样做，必须先学西方，用新的眼光来重新审查中国哲学、中国文化。从西学东渐开始，当时的国学大家们，像梁启超、康有为、严复、王国维等，都是这样认为的，真正能够发展中国哲学的一定是懂西方哲学人。第二个问题，我不认为自己在哲学上有什么创造，包括在研究尼采的时候。第三个问题，如果“小富即安”指满足于小康生活，我承认我是这样。我不是企业家，如果我是企业家，我对财富就会有高要求。

问：周老师，我想问我们小学生功课那么重，作业那么多，怎么做到享受生活？（笑声、掌声）

答：你提出了一个特别重要的问题，也是我现在感到特别愤慨的一个问题，就是我们中国的小学生太苦了，负担太重了。但是怎么解决呢？我现在不能给你说一些安慰的话，比如说你去玩吧，你有那么多作业要做，不做完你会挨骂。所以这个问题要去跟老师讨论，更要去跟教育部讨论，要改变我们现在的整个教育体制，只有这个办法。

问：就您刚刚谈到幸福的能力，我想知道是不是心灵极大丰富的人就一定能形成这个能力，另外，你认为你的幸福的能力是否已经达到极致了吗？

答：我强调幸福是一种能力，主要是强调个人的精神素质在幸福问题上的作用至关重要。所以，我们不应该怨天尤人，埋怨条件不好等等，你可以去争取种种外在的条件，但是外在的条件再齐全，内在素质不好，还是不会幸福。我当然相信，心灵极大丰富的人一定能够靠自己的心灵来使自己快乐，这样的人身上有一个幸福的源泉。至于我自己，我知道我有这样的能力，当然没有达到极致，我还要努力。

主持人：因为时间的关系，待会儿还有一个记者见面会，还有很多读者朋友准备了书，想请周老师签名，最后再提一个问题。有很多读者站了一个下午，咱们请没有座位的朋友提一个问题。

问：请问周教授，一个人怎么做到与自己独处，在独处的时候，应该与自己进行什么样的对话？

答：这也许只能自己慢慢体会了。在没有这个习惯的时候，硬是自己一个人待着，什么事都不做，当然挺难受的。你可以读书，听音乐，写日记，做这些事情实际上都是在独处，都是在培养独处的习惯。关键是心要静，当你心静的时候，其实正是你的心处在最佳的状态，这时候，你会听见心中一切原先被尘嚣掩盖的声音,你与自己的对话就自然而然地展开了。(掌声)

答记者问

问：“现代人的幸福观和财富观”这样的题目有点大，回到小的方面，比如作家本人，读者更加感兴趣。您能否说说您自己的幸福观？

答：人在年轻时容易把幸福想得太玄妙，多么与众不同。

经历了一些沧桑之后，就会明白，现实的幸福其实是很平凡的。其实我在讲座中已经说了，按照我现在的想法，幸福就是：做自己喜欢做的事，做得让自己满意；和自己喜欢的人在一起，相处得让她（他）们愉快。前者是我所理解的事业的成功，后者是我所理解的爱情、亲情、友情。

问：经历了这么多曲折的情感生活，您还坚信爱情吗？还有幸福感吗？为什么？

答：我相信的不是童话里的爱情，那些王子公主、海枯石烂之类，而是现实生活中的爱情。现实生活中的爱情是这样的：一、它可能发生变化，在变化之前是美好的，发生了变化也不可抹杀曾经的美好；二、要使它不发生变化，双方就必须努力，而这种努力多半是值得的。我当然还有幸福感，其实，曲折未必会削弱、常常倒是加强了幸福感，因为有了比较，懂得了珍惜。至于我的具体经历，我在书中写得够多的了，不想再说。我一直想强调的是，对于读者来说，我的经历毫无意义，可能有意义的是我对经历的态度。

问：性爱很美好，也很纯净。正如您在书中写道："男人喜欢女人，这实在是天地间最正常的一件事，没有什么可羞惭的。我和某些男人的区别也许在于，我喜欢得比较认真，因而我和女人的关系对我的生活发生了很大影响。"您能进一步阐述吗？

答：两次婚变，这影响还不大吗？如果我喜欢得不认真，就用不着离婚、结婚，在一起玩玩就行了。现在许多人就是这样做的。

问：继《妞妞，一个父亲的札记》之后，您的又一部纪实力作《岁月与性情》上市了，并取得不俗成绩。大学里曾流传一句话："男生不可不读王小波，女生不可不读周国平。"您怎么看待这句话的？您又是如何保持这种良好的创作态势的？

答：网络上的话，姑妄听之，不必认真。世上哪有"不可不读"之理。我希望的是，男生女生都喜欢读我的书。我不知道我的创作态势算不算好。我感到满意的是，迄今为止，总有想写的东西。在写完一个东西之后，我就不再去管它，因为下一个东西把我吸引住了。

问：您的个人财富观是什么样的？书的热销与您的财富观有某种程度上的冲突吗？

答：我对钱的看法是：钱是好东西，但永远不是最好的东西。比如对一个作家来说，最好的东西是创作的快乐，写出了自己认可和喜欢的作品，其次好的东西是高水平读者的认可和喜欢，在这之后才轮得上钱。所以，钱永远不是目的，而是副产品。由此可见，所谓热销与我的财富观并无冲突。只要我坚持了我的目标，我不拒绝副产品。

问：您对创作持什么样的态度？对文坛现状有什么看法？

答：简单地说，我的创作态度是：为自己写，让朋友读。所有对我的作品发生共鸣的人都是我的朋友。我是一个比较封闭的人，只顾写自己的东西，读书也多是古人洋人的，对文坛现状没有什么看法。

问：您这次来深圳，对深圳的印象如何？您对举办读书月活动有什么看法？

答：深圳读书月期间，我做了两次讲座，除了在读书月讲坛上的这一次，还在何香凝美术馆讲了一次尼采美学。两次给我同样的印象是，深圳不愧是一个年轻的城市，一个年轻人的城市，充满着朝气和求知的渴望。我在许多城市做过讲座，深圳很让我感动，听众的热烈和交流的活跃非别的许多地方可比。因此，在深圳举办诸如读书月这样的活动就有很好的群众基础。就当前图书市场的现状而言，垃圾书泛滥，媒体炒作，也有必要通过适当的方式对大众阅读做一些引导。当然，读书毕竟是一件个人的事情，不能只靠举办大型活动来进行。我希望加强平时的引导工作，例如各媒体办好读书版面，办得很有质量，争取在这方面也走在全国城市的前列。

（举行此讲座的时间地点：2004 年 11 月 7 日深圳市第五届读书月论坛。本文根据录音稿整理，参照其他讲座相关内容有补充和修改。）

哲学与人生

刚才主持人介绍时说，我在学校、机关、企业做讲座，得到了一致好评。我要纠正一下，这不是事实，事实是，凡是读过我的书的人一致认为，听我的讲座远不如读我的书。你们马上就会知道我说的是实话。

我很高兴有机会和大家交流对人生的一些思考和心得，我讲的题目是《哲学与人生》。今天要讲的很多东西是我自己的一些想法，可能教科书里面没有。我从十七岁进北大，读的是哲学系，毕业以后被发配到广西的一个山沟里，在那里待了十年，然后又回来，考研究生到社科院，基本上一直在做哲学的工作。我自己又对人生的问题很感兴趣，经常有很多困惑，我的专业和我的这种性情是一致的。

我觉得，凡是重大的哲学问题，实际上都是困扰着灵魂的问题，哲学之所以有存在的必要，就是为了把这些问题弄明白。哲学的追问是灵魂在追问，而不只是头脑在追问，寻求的不仅是知识，更是智慧，也就是人生觉悟。每个人需要哲学的程度，或者说与哲学之间关系密切的程度，取决于他对精神生活看重的程度，精神生活在他的人生中所占的位置或比重。那种完全不在乎精神生活的人，那种灵魂中没有问题的人，当然就不需要哲学。不过，我相信，这样的人应该是很少的。

笼统地说，哲学有两个大的领域，一个是对世界的思考，追问世界到底是什么，另一个是对人生的思考，追问人生到底有什么意义，怎样活才有意义。不过，对世界的思考归根到底也是对人生的思考。和科学不同，哲学探索世界的道理不是出于纯粹求知的兴趣,更是为了解决人生的问题。“我们从哪里来？我们到哪里去？我们是谁？”这个问题隐藏在一切哲学本体论的背后。世界在时间上是永恒的，在空间上是无限的，而一个人的生命却极其短暂，凡是对这个对照感到惊心动魄的人基本上就有了一种哲学的气质。那么，他就会去追问世界的本质以及自己短暂的生命与这个本质的关系，试图通过某种方式在两者之间建立起一种联系。如果建立了这种联系，他就会觉得自己的生命有了着落,虽然十分短暂,却好像有了一个稳固的基础，一种永恒的终极的意义。否则，他便会感到不安，老是没有着落似的，觉得自己的生命只是宇宙间一个没有任何意义的纯粹的偶然性。正是在这个意义上，我们把哲学对世界本质的追问称作终极关切。

我们以前有一个说法，说哲学是关于世界观和人生观的学问。我的看法是这样的，我觉得这个说法基本上是对的，没有错。但是可能我们以前有一个问题，就是把世界观和人生观都看得太狭窄了，世界观往往被归结为无产阶级世界观和资产阶级世界观两种，人生观就是为人民服务，非常简单。哲学是对世界和人生的整体性思考，在这个意义上的确就是世界观和人生观。世界观和人生观，我特别强调这个“观”字，就是要用自己的眼睛去看。看什么呢？看世界的全局，人生的全局。我们平时是不看世界的全局和人生的全局的，我们总在做着手头的事，我们被所处的环境支配着，很少跳出来看全局。所谓哲学思考，我觉得就是要从自己正在做的事情中，从正在过的生活里面跳出来，看一看世界和人生的全局，这样才有一个坐标，然后才能知道自己做的事是不是有意义，自己过的生活是不是有意义，应该怎样生活才有意义。我觉得哲学是这样，不让人局限在自己直接生活的那么一个小的天地里，而让人从里面跳出来看一看大的天地。

在西方哲学史上，希腊早期的哲学家更多的是思考世界本质的问题，宇宙的问题。从苏格拉底开始，人生的问题突现出来了，用古罗马哲学家西塞罗的话来说，苏格拉底把哲学从天上引回到了地上。从此以后，在多数哲学家那里，人生问题占据着重要地位，还有一些哲学家主要就讨论人生问题。

今天我着重讲人生哲学的问题。我觉得人生哲学的根本问题，说到底就是两个问题，一个是生与死的问题，生命与死亡的问题，另外一个是灵与肉的问题，灵魂与肉体的问题，中国哲学里叫作身心关系问题，身体和心灵的关系问题。其实，不管是哪一种人生哲学,包括宗教在内,始终是想解决这两大问题,生和死的问题，灵和肉的问题。人生的种种困惑，说到底也都是由这两大问题引起的。关于这两个问题，各派哲学和不同宗教当然有各种说法，但是我想有两条道理是公认的，所有的哲学和宗教都承认的。从生和死的问题来说，都承认人是要死的，这是第一条公认的道理。从灵和肉的关系来说，在不同程度上都承认人是有灵魂的，这是第二条公认的道理。当然，这不一定是指基督教所说的那种不死的灵魂，所谓人有灵魂，是说人有比肉体生活更高的生活，人应该有那样的生活，我想这一点是各派哲学和宗教都承认的，否则要哲学和宗教干什么，哲学和宗教就是为了寻求比肉体生活更高的生活才存在的。这两条道理都很简单，但我们平时往往忘记了这两条道理，所以遇到事情就想不开。其实，许多其他的道理都可以从这两条道理推出来，如果我们记住了这两条道理，就可以解决人生的大部分问题，从下面我讲的过程中我觉得可以看出这一点来。

下面我就分两个问题来讲，讲这两条似乎很简单、其实最重要的人生道理。

一　生与死

人生哲学首先回避不了的就是生与死的问题。我想，每一个人、每一个生命来到世界上，最后的结果是死亡，从生命的本能来说，人人都会有对死亡的恐惧，这是不可避免的，其实也是不必羞愧的。那么，怎样面对死亡？既然最后的结果是死亡，人生到底还有什么意义？生命有没有超越死亡的意义，即在某种意义上达于不朽呢？我们必然会遭遇这些问题。

我承认，我自己从小就被这个关于死的问题困扰着。也许很小的时候，看到家里或邻居的老人死了，不一定和自己联系起来，觉得死和自己是没有关系的。但是总有一天，你知道自己也是会死的，那个时候，实际上心里面受到的震动是非常大的，就像发生了一次地震，我回忆我自己就有过这样的经验。我记得我上小学的时候，大概六七岁吧，突然明白自己将来也是会死的，于是就有了一个疑问：既然现在经历的这些快乐有趣的事情都会消逝，最后的结局是死，生活到底有什么意义？在一段时间里，我就老想否认死亡，想让自己相信我是不会死的。我们那时候有常识课，教各种常识，其中包括生理卫生常识，老师把人体解剖图挂在黑板上，我一看，人的身体里面是这样乱七八糟啊，难怪人是要死的。我就对自己说，我的身体里肯定是一片光明，所以我是不会死的。当然这是自欺，自欺是长久不了的，越是想否认死，其实越证明自己对死已经有了清楚的意识。所以后来，仍是上小学的时候，历史课老师讲释迦牟尼，讲他看到生老病死以后感到人生无常，人生就是苦难，因此出家了。我当时听得眼泪汪汪，心想他怎么想的跟我一样，真是我的知音，我们想的是同样的问题。我怎么就没有生活在他那个年代呢？如果我生活在他那个年代，我们一定会是好朋友。从那以后，我对死的问题就想得很多了。

不过呢，我只是自己偷偷想，偷偷苦恼。我觉得没法跟人说这个问题，跟谁说呀，人家会说你小小的年纪胡思乱想。直到长大了，读了西方哲学，我才知道，死亡问题是一个重要的哲学问题，哲学家们有许多讨论。苏格拉底和柏拉图甚至认为，哲学就是预习死亡，为死做好准备。他们的意思是说，一个人如果把死亡问题想明白了，在哲学上就通了。不过，我们中国人往往回避这个问题，大概一是认为想这个问题不吉利，二是觉得想了也没用，想得再多到头来还是要死。依我看，所谓不吉利，其实是恐惧和回避。至于想得再多还是要死，这当然是事实，但不等于想了没用，我自己觉得想这个问题是有收获的，会让人对人生看得明白一些。

从中国和西方的哲学史上来看，对于死亡问题、生死问题有些什么观点呢？我归纳了一下，大概有五种观点，有五种类型的生死观。

一种是入世论。入世，就是投入到这个世界里，好好地活，不要去想死后怎么样。这种观点看起来是很乐观的，对人生抱乐观的态度，认为人生本身是有意义的，人生的意义不受死亡的影响，死亡不会取消这个意义。这样的观点，西方和中国都有。

比如西方快乐主义哲学的创始人、希腊哲学家伊壁鸠鲁，他说：死亡是和我们没有关系的，因为我们活着的时候还没死，感受不到死，等我们死了的时候，我们就不存在了，所以也无所谓痛苦。因此，我们没有必要去想它，活的时候好好活，享受人生的快乐。他所说的人生的快乐，用他的话来说，就是身体的无痛苦和灵魂的无纷扰，身体健康、灵魂安宁就是快乐。灵魂的无纷扰，对死亡的恐惧，想死亡的问题，老是担惊受怕，就是对灵魂的最大纷扰，所以要排除掉。我们中国的儒家也是这样看的，重生轻死，主张活着的时候好好地安排生活，死的问题不是自己能够做主的，就不要去多想了，所谓“尽人事，听天命”就是这个意思，死亡是属于天命的事情，听从就是了。那么，总还有这样一个问题存在：一个人的生命是有限的，活着时所做的一切，你觉得有意义的一切，你一死就都不存在了，至少对于你来说是这样，那么，你所做的一切到底有什么意义，你曾经有过的生命到底有什么意义？儒家对这个问题的回答是说，尽管人有一死，但是人的所作所为还会对社会继续发生作用，所以仍然是有意义的。儒家有“立功”“立言”“立德”之说，你活着的时候，为社会多做实事，或者是写书，留下著作，或者最高的境界是做一个有道德的人，这些都会对后世发生影响。因此，它基本上是在社会的层面上来解决这个所谓不朽的问题的，人虽然死了，但你的事业传承下去了，你的品德、你的著作、你的功业对后人产生了影响，这就是不朽。实际上马克思主义也是持这样的观点，总的来说，马克思、恩格斯、列宁基本上都不谈论死亡问题，人生的意义是从社会的层面来解决的。

另一种观点是宿命论。入世论对人生是比较乐观的，宿命论有一点儿悲观，准确地说，在悲观和达观之间，有点儿悲观，但还是比较豁达的。宿命论的最典型代表是古希腊罗马的斯多葛派。斯多葛派的看法是，既然是自然规定人必定会死去，人就要顺从自然，服从自然的命令，对于命中注定的事情要心甘情愿地接受。古罗马哲学家塞涅卡说：愿意的人，命运领着走；不愿意的人，命运拖着走。我们只要是自己愿意，让命运领着走，把被动变成主动，就不会痛苦了。老是抗拒命运，不肯死，那就痛苦得很。对于大自然规定了的事情，我们不要太动感情，要做到不动心。人死就好像旅客离开寄宿的旅店，果实熟透了从树上掉落，演员演完戏退场，是最自然的事情，应该视死如归，无非是回到原来出发的地方去，回到你还没有出生时的状态。在古希腊罗马哲学家里，很可能在所有西方哲学家里，斯多葛派对死亡问题谈得最多，他们的基本观点就是这样，要我们尽量想明白死是一件最自然的事情，我们应该心甘情愿地接受，以一种平静的心情来迎接死亡。

上面两种观点都承认生和死的界限，认为生和死之间是有界限的，生和死是截然不同的，但问题是死是不可避免的，所以我们就或者不要去想它，或者坦然地接受它，总之主张以一种理智的态度对待死亡。这实际上是大多数哲学家的看法。

下面还有三种观点，它们力图要把生和死的界限打破，认为生和死是没有界限的，生和死是一回事。这是下面三种观点的共同点。

一种是超脱论，就是要超脱死亡。这是一种达观的观点，不能说它乐观，也不能说它悲观，它就是很看得开。这种观点的典型代表是我们中国的哲学家庄子。《庄子》里有一章就叫《齐生死》，把生和死等同起来，生死是一回事。庄子说："生死为一条"，"无古今而后入于不死不生"。意思是人应该超越时间，无所谓昨天、今天、明天，你不生活在时间之中，你也就超越生死、不死不生了。我认为庄子的这种观点是审美性质的，他要求进入的那种境界，把小我化入宇宙的大我里，融为一体，实际上是一种审美性质的精神体验，所以他是用审美的方式解决生与死的问题的。他不是真的要肉身不死，而是追求一种超越生死的感觉和心境。后来道教企图通过炼丹、求仙真的让肉身不死，长生不老，就完全是另一回事了。道家是一种哲学，不是宗教。道教也不是宗教，而是方术和迷信。在西方哲学中，与庄子比较相近的好像只有尼采，他也是用审美的方式来解决生死问题。他认为，不要把个体的死亡看得太重要，宇宙生命是永远生生不息，永远在创造的，你要站在宇宙生命的角度，和它融为一体去体会。当我们体会到它不断创造不断毁灭的快感时，我们就会感到快乐，而不会感到痛苦了。这就是所谓的酒神精神。不过，尼采和庄子还是有很大的不同。庄子眼中的大自然是平静的、无为的，所以他的审美态度比较消极，偏于静，而尼采眼中的世界意志是不断创造的，他的态度就偏于动，强调创造和有为。不过，在审美态度这一点上是相同的，追求的都是一种超越生死的心境。

上面三种观点都属于哲学，无论理智的态度还是审美的态度，都是从哲学的立场上解决生死问题。理智的态度是跟你讲道理，要你想明白。审美的态度是给你编梦境，要你装糊涂。反正我觉得，靠哲学是不能彻底解决死亡问题的，彻底解决恐怕还得靠宗教。宗教的解决办法也是打破生和死的界限，但不像审美态度那样模棱两可，似是而非，它打破得很彻底，很绝对，完全把生和死等同起来了。当然，信不信由你。

宗教打破生死界限有两种方式。一种是灵魂不朽论，就是主张灵魂不死。这主要是基督教的主张，当然在基督教之前，实际上柏拉图也是这样主张的。这种观点认为，尽管人的肉体是会死亡的，但是人的灵魂是不死的，人的灵魂本来就是从天国来的，或者用柏拉图的话说，是从理念世界来的，死了以后还要回到那个世界去，回到天国去，回到上帝那里去。另一种是寂灭论，或者说虚无论，典型的代表是佛教。基督教和佛教都是宗教，但是对生死问题的看法正好相反。

基督教似乎是很乐观的，它相信人本质上是不死的，生和死都是有，都是存在，根本不存在所谓虚无这种情况。活着的时候，灵魂寄居在我们的肉体里面，受肉体的束缚，肉体就像是一座监狱，灵魂很不自由。死亡实际上是灵魂从肉体的束缚中解脱出来了，从监狱里放出来了，自由了，从此生活在一个纯粹的精神世界里也就是天国里了。因此，如果说生是一种存在的话，那是比较低级的存在，而死后是一种更高级的存在。所以，死亡不仅不需要害怕，而且应该欢迎它。

相反，佛教是十分悲观的，可能是所有的哲学和宗教里最悲观的一种思想。它认为无论生和死都是无，你看这一点正好与基督教相反，基督教说生和死都是有，根本没有虚无这回事，佛教则认为生和死都是无，只有虚无这回事。你以为你活着，存在着，其实那是假象。你活着只是因为一些非常偶然的因素暂时凑在了一起，产生了你的个体生命，因缘而起，因缘而灭，这些偶然的因素一消散、一分开，你就不存在了。所以，人的生命其实是一个假象，是一种幻象，我们要看破它，看破红尘，看破这个我们受其迷惑、万般看重的所谓的“我”。佛教有个基本的观点就是“无我”，要让你从“我执”也就是对“我”的执迷中解脱出来。当然，佛教还有轮回之说，人死以后，灵魂还在，又会去投胎，但是佛教真正的主张是要断轮回，认为轮回的过程还是在迷惑之中，还是在虚假的存在之中。最高的境界是断掉轮回，归于寂灭，这就是涅 。在佛教看来，生和死都是无，但是生是低级的无，死是高级的无，当然这种死，这种高级的无，那是要经过修炼以后，觉悟以后，真正看透了人生以后才能达到的，那是彻底摆脱了生命欲望、摆脱了转世轮回的一种状态。只有从轮回中摆脱出来，才能进入真正的高级的无。所以，在佛教看来，死亡没有什么可怕的，生命本来就是虚幻的东西，你要从这种迷误中走出来，看明白四大皆空。我觉得想要真正解决死亡问题，佛教是比较彻底的。基督教没有办法证明上帝的存在，而佛教把无看成是一种根本的东西，从哲理上来说，我觉得是更站得住脚的。很多人都认为佛教是一种宗教，其实佛教是一种哲学，而且是一种非常彻底的哲学。

关于生死观，我大致整理了一下，基本上有这么五种。我在这里没有详细展开,我主要是想说明一点,就是对于生死问题，哲学上和宗教上有不同的解决方式，你可能觉得某一种观点比较有道理，你也可能觉得没有一种能够真正地说服你。这没有什么关系，其实，从我自己来说，我也没有接受其中任何一种说法，我仍然觉得自己没有想通死的问题。尽管如此，我们应该有的态度是不要回避。我曾经写过一篇文章,题目是《思考死：有意义的徒劳》。思考死也许是徒劳的，最后还是没有想通，但是这是一种有意义的徒劳。

那么，思考死究竟有什么意义呢？我觉得起码有两方面的意义。一个是可以使我们更加积极进取地面对人生。思考死不一定是让人消极的，它完全可以让人更积极。我们平时很少想这个问题，老觉得自己好像永远不会死似的，日子好像是无限的。其实这样并不好，可能会使人浑浑噩噩。人的生命毕竟是有限的，通过思考死，等于是把人生的全景看了一遍，也看到了人生的界限，就可以从这个全景和这个界限出发，考虑怎样活得更积极、更真实。西方一些现代的哲学家，比如尼采、海德格尔，都很强调思考死亡问题对于人生的积极意义。尼采说过，人们往往因为懒惰或者懦弱而没有自己的主见，躲在习俗和舆论的背后，按照习俗和舆论的要求去生活，可是一旦你想到，自己总有一天是要死的，你死了以后不可能重新再活一遍，你就会明白，为了那些舆论和习俗把你独特的自我牺牲掉是多么不值得，你的心里就会有个呼声，就是要成为你自己。海德格尔也有一个很著名的观点，就是向死而在，或者叫先行到死中去。他说人平日里浑浑噩噩的，把自己沉沦在日常生活当中，和他人共在，但是有的时候你会突如其来地有一种莫名的焦虑，不知道是怎么回事，就是感到烦，这很可能是因为你在无意识中触及了你自己的死，触及了你是从虚无中来还要回到虚无中去这样一个事实。你应该抓住这样的时机，自觉地去思考，不要逃避。他的观点和尼采是一样的，就是生活你可以和别人混在一起，但死亡只能是你自己的死亡，没有人能替代，死去的一定是这个独一无二的你。想到了这一点之后，你就要想一想作为独特的你的人生有些什么可能性。所谓先行到死中去，就是要先设想自己已经死了，一切可能性都没有了，再回过头来看你的人生该怎样过，哪些可能性对于你是最好的、最重要的。我经常说，想到自己的死，就会意识到一个人最根本的责任心是对自己的人生负责，我说的也是这个意思。

思考死亡问题的另一方面意义是能够使人对人生更超脱。我认为一个人活在世界上，不能光有进取积极的一面，还应该有超脱的一面。只有进取的一面，没有超脱的一面，结果会很可悲，一旦遭受挫折就很容易垮掉。当然，只有超脱的一面、没有进取的一面也不好，那样会活得很没有乐趣。应该是既进取，又超脱，思考死就能使我们在积极面对人生的同时，也时常跳出来看人生，做到超脱。古罗马皇帝、斯多葛派哲学家奥勒留曾经说，一个人应该经常用“有死者”的眼光来看一看事物。譬如说，你非常在乎名声，希望大家都知道你，那么你就想一想，那些知道你名字的人最后都会死去，你的名声有什么意义？你跟人家吵架，为一件事情或者为利益打得你死我活，不可调和，你就想一想一百年以后你们都在哪里？想到这一点，你就会吵不下去了。你为一件事情很痛苦，比如失恋了，或者事业受了重大挫折，你就想一想以前为同样事情痛苦的人都到哪里去了？你就会觉得再为这种事情痛苦是不值得的了。当然，如果一个人老是用这样的眼光看事物，那就什么也别做了，太消极了。但是我要说，你有必要为自己保留这样的眼光，人生总有不顺的时候，甚至遭到重大挫折的时候，那时候这样的眼光是用得上的。用终有一死的眼光来看，人生的成败也好，祸福也好，都是过眼烟云，没有必要太看重。所以，经常思考死的问题，一个人能够既积极又超脱，一方面不妨好好地在这个世界上奋斗，好好地过一生，活得精彩一点，但是如果出现了自己不能控制的因素，遇到了重大的灾难，那时候就能够跳出来看，你的生命力反而是更加坚韧的。

我今天讲的不是纯粹理论的东西，而是我自己的真实体会，我感到我从哲学那里的确得到了很大的帮助。我的生活中有过很大的挫折，在座有的人也许看过我的书《妞妞—— 一个父亲的札记》。当时我的孩子出生不久就被发现患有先天性的癌症，只活了一年半，这一年半里真是像地狱一般的生活，但我相信是哲学救了我，使我能够尽量跳出来看所遭遇的事情。站到永恒的角度，站到宇宙的角度，来看自己遭遇的一个苦难，就会觉得它很小。所以，我说，哲学是一种分身术，一个人有哲学思考的习惯，就能够把自己分成两个人，一个是肉身的自我，这个自我在世界上奋斗，在社会上沉浮，有时候痛苦，有时候快乐，另外还有一个我，是更高的自我，理性的自我，精神的自我。这个自我可以经常从上面来看肉身自我的遭遇，来开导他。我想，这一点特别重要。古希腊有个哲学家叫芝诺，人家问他：谁是你的朋友？他回答说：另一个我。学哲学就是要让这另一个自我强大起来，使他成为自己最可靠、最智慧的朋友，能够经常和自己谈心，给自己提供指导。如果这样的话，走人生的路就会更加踏实，更加明白。

二　灵与肉

不管是哪一派哲学家都承认，人是有灵魂生活的，也就是有比肉体生活更高的生活的，只是承认的程度有所不同。肉体生活就是生存，食宿温饱之类，这基本上是动物性的，是人的动物性的一面。但是人不能光有这样的生活，如果光有这样的生活，人会感到不满足。只要人解决了生存问题，如果还让人仅仅过这样的生活，没有更高的生活，人就会感到空虚。这应该是人和动物的一个最根本的区别，人不光要生存，而且要为生存寻找一个比生存更高的意义，人不光要活着，而且要活得有意义，恐怕在所有的生物里面，只有人是这样的，只有人是谈论意义的，只有人是追求意义的。

我说的灵魂生活是指对生活意义的追求，要为生存寻找一个高于生存的意义，也就是我们经常说的超越性，人是有超越性的。实际上，对意义的寻求、论证、体验、信仰，构成了我们整个精神生活的领域。自从有人类以来，在基本解决了生存问题进入了文明状态以后，人类一直是在这样做，在寻求生活的意义，不满足于仅仅活着，这样就形成了人类的精神生活领域，包括宗教、哲学、艺术、科学、道德，这些都是人类精神生活的形式。这实际上都是在寻求意义的过程中形成的，对个人来说也是这样,对意义的寻求形成了他的心灵生活、内在生活。我说的灵魂生活就是指这种对生活意义的寻求。

人不满足于活着，要为活着寻找一个更高的意义，可是，大自然并没有给我们提供一个比活着更高的意义，用大自然的眼光来看人生是没有什么意义的，人类的存在也是没有什么意义的。用大自然的眼光来看，人类的生命不过是宇宙某一个小角落里面一个偶然的存在，这个小角落，太阳系的某一个地方，我们的地球上面，刚巧到一定的时候，它的自然条件适合生命产生，于是生命就产生了，逐渐进化，最后进化到人。以后呢，自然条件慢慢变化，到一定的时候，又不适合于人的生存了，不适合于生命的存在了，人类就会毁灭，生命就会毁灭，最后地球也会毁灭。用宇宙的眼光来看，人类的生存有什么意义？一点意义都没有。用自然的眼光来看，个人的生存也是没有意义的，一个人生下来了，活那么几十年，最后死去，又消失得无影无踪，什么也没有留下，有什么意义？所以，大自然并没有为我们提供一个比生存更高的意义，比生存更高的意义是要人自己去寻求的。这个寻求的过程就形成了我们的精神生活，就形成了人类的精神领域。然后我们发现，有了精神生活的领域以后，精神生活本身就成了我们生活的意义，对意义的寻求过程本身就为我们的生活提供了更高的意义。你看，确实是这样一个过程，原来意义就在于寻求意义，简单地说就是这样。因为人有了这样的精神生活，有了宗教、哲学、艺术等等，我们感到生活是有意义的，因为有了这样的不满足于仅仅活着、要有一种更高生活的追求，在这个追求的过程中，我们的生活就有了意义。所以，寻求意义形成了人的精神生活领域，而精神生活领域本身又为人的生存提供了更高的意义。我觉得这是一个非常有趣的现象，因为人生缺乏意义而去寻求，结果寻求本身就成了意义。

总之，我们可以确定一点，就是灵魂生活是一个追求意义的领域，而人生的意义就取决于我们的灵魂生活的状况，精神生活的状况。具体地说，我想人生意义的问题可以从两个方面来看。其一是人生的世俗意义，就是这一辈子过得好不好，自己满意不满意，生活质量高不高。对于这一点，我们往往是用幸福这个词来概括的。如果你觉得这一生过得挺好，你自己挺满意，你就会说你挺幸福。那么，幸福取决于什么呢？我认为，幸福取决于灵魂的丰富，灵魂的丰富是幸福的源泉。这是人生意义的一个方面。

人生意义的另一个方面可以叫作人生的神圣意义。刚才讲的是世俗的意义，另一个方面是神圣的意义，或者说精神性的意义。如果说幸福讲的是生活的质量，那么神圣意义讲的就是生活的境界，人生的境界高不高。这在哲学上通常是用德性这个词来概括的，德性就是道德和信仰。其实，从人生意义的角度看，道德和信仰是一回事，都标志着人生的神圣意义、精神性意义。德性取决于什么？我认为取决于灵魂的高贵，灵魂的高贵是德性的基础。

下面我简单地谈谈这两个方面的问题。

首先是幸福的问题。在西方哲学史上，对幸福问题的看法有两大流派，一派是从伊壁鸠鲁开始的快乐主义，另一派叫作完善主义，前者认为幸福就是快乐，后者认为真正的幸福是精神上的完善，道德上的完善。这两派对幸福的概念虽然不同，但有一点是相同的，就是都认为精神的快乐、灵魂的快乐要远远高于物质的快乐、身体的快乐。

事实上，物质上、肉体上的快乐是非常有限的，超过了一定限度，物质条件再好，快乐也增加不了多少，最多只是虚荣心的满足，只有精神上的快乐才可能是无限的。精神的快乐来源于灵魂的丰富，那么怎样才能使你的灵魂丰富起来呢？我觉得应该养成一种过内在生活的习惯，这一点很重要，尤其是在我们这个时代。这个时代太喧闹、太匆忙，生活逼迫我们总是为外在的事物去忙碌，基本上生活在外在世界里面，这是很可悲的。一个人应该有自己的内在生活，有自己的内在世界。怎样才能有自己的内在世界呢？一条就是要养成独处的习惯，有自己独处的时间。另外一条就是阅读，读那些真正的好书。独处是和自己的灵魂相处，读好书是和历史上那些伟大的灵魂沟通，这是使我们的灵魂深刻和丰富起来的两个基本途径。

其次是德性的问题。完善主义的哲学家，从苏格拉底开始，后来包括斯多葛学派，中世纪的哲学家奥古斯丁，近现代的像康德和一些德国的哲学家，他们都有一个观点，认为幸福就是德行，就是过有道德的生活，就是说人的灵魂生活本身就是幸福的实质部分，哪怕你因为灵魂生活而受难，也是一种幸福，不需要用快乐来证明。“德行即幸福”是苏格拉底最早提出来的，但是这一路的哲学家，包括康德在内，都是这种看法，从这一点来说，他们是把灵魂的高贵看得更重要了，灵魂的高贵既是德行，又是幸福。我们现在很少提高贵这个词，但我觉得高贵是人类一个特别重要的价值，古希腊人讲高贵，罗马人也讲高贵。那么什么是高贵呢？换一个说法就是人的尊严，做人是要有尊严的，一个人要意识到做人的尊严，做事情的时候也要体现出做人的尊严，这样的人就有一颗高贵的灵魂。用康德的话说，就是人是目的，那个大写的人、作为精神性存在的人是目的，永远不可以把他当作实现物质性目的的手段，对自己、对别人都要这样。我认为，“尊严”这个概念是中国传统文化里所缺乏的，现在更是特别缺乏的。

在最高的层次上，德行就是信仰，相信人是有尊严的，有做人的原则的，这样的人就是有信仰的人，倒不一定非要有一种宗教来统一人们的思想，我觉得这在现在的中国也是不可能的。我们说人作为有灵魂的存在是高贵的，是有尊严的，灵魂是人的本质部分，这一点从哲学上讲也许是有问题的。比如有人就会问，这个高贵的、本质的部分是从哪里来的，它的根源是什么，在宇宙中有没有根据。实际上，形而上学也好，唯心主义也好，都是想论证有这个根据，但这是一个理性无法解决的问题。我们的灵魂到底是不是来自宇宙间某种不朽的精神本质，和它有一种联系，这一点是无法证明的。但是，哲学家们在这个问题上都宁愿保留宇宙具有精神本质这个假设，包括康德，他说上帝是一个必要的假设，因为如果没有上帝这个假设的话，我们无法解释我们的道德行为。这样做的好处，是让我们的生活按照上帝存在的假设来进行，这时候我们的人生境界和我们不相信的情况下是不一样的。与哲学不同，宗教不论证，它就是要你相信，它已经给你提供了一个现成的答案。反正不管信不信教，我们都要做一个高贵的、有尊严的人，应该有这样一个信念。在我看来，人与人的根本区别，就在于有没有这样的信念，是不是按照这个信念做人和处世。

在座的都是青年干部，我想说一说哲学对于当代青年有什么意义，这也是很多青年关心的问题，我说一说我的看法，作为这个讲座的结束语。我们这个时代，今天青年所处的这个时代，我认为有两个显著特点。第一个特点是意识形态弱化，价值多元，没有了统一的信仰。这和我年轻时所处的那个时代完全不同，我们那时候有统一的意识形态管着，用不着你、更准确地说是不允许你自己去寻求一种信仰。现在不同了，在信仰问题上，实际上发生了一个去中心化的、个体化的过程，信仰不再是自上而下规定下来的，而成了每个人自己的事情。我认为这是很大的进步，信仰恢复了它本来的意义，回到了它应该有的状态。自己去寻求信仰，这当然比较累，不像有一个现成的信仰那么轻松，但是，信仰本来就是个人灵魂里的事，从外面强加的信仰算什么信仰呢。现在，有些人可能找到了自己的信仰，比如真的信了某一宗教。不过，据我看，大多数人是没有一个确定的信仰的，我也是这样，可以说仍在寻找的过程之中，那么，在这种情况下，哲学就有了重要的作用，哲学就是让你独立地思考人生意义的问题，自己去寻求人生的意义，这实际上就是自己去寻求和确立信仰的一个过程。在我看来，最后能不能找到一个确定的信仰，这并不重要，重要的是始终在思考、在寻求，这本身就使你在过一种高品质的精神生活，其实也就是一种有信仰的生活。我认为这是哲学对于当代青年的一大价值。

我们时代另一个显著特点是竞争激烈，在市场经济的环境中，青年们面临着严峻的生存问题。那么，在我看来，哲学就有助于我们在激烈的竞争中保持头脑的清醒，为自己保留一种内在的自由。当然，事实上，一个人越是重视精神生活，有精神上的追求，他在这个商业社会中可能会有更大的困惑甚至痛苦。因为我们无法否认，精神追求与生存竞争之间是会发生冲突的，往往生存竞争会使你无暇进行你喜欢的精神活动，比如读书、写作等，精神追求又会使你厌恶生存竞争。对于这个问题，我的想法是，我们只能正视现实，不管你的精神欲望多么强烈，你必须解决生存问题，精神追求不会赋予你在生存竞争中受特殊照顾的权利，市场就是这样，你再抱怨也没有用。不过，我们应该看得远一点，长远来看，在现代竞争中，一个人的综合素质是非常重要的，其中包括精神素质。同时，也要看到精神追求是不以社会酬报为目的的，否则就不成其为精神追求了。两方面只能尽量兼顾，而在真正发生不可调和的冲突时，就甘愿舍弃利益，这是必要的代价。说到底，你的做法和心态取决于你究竟看重什么，仅仅是实际利益，还是人生的总体质量。

中央国家机关青年哲学知识系列讲座现场互动

问：今天在座的不少人是慕名来听您的讲座的，这种名气多半与您那本《妞妞》有关。有这样一句话，悲剧就是把美丽的东西破坏了以后向他人展示。这可能是你书里的一段话，是不是？（答：这是鲁迅说的。）而大多数人都对别人的隐私、痛苦身世怀有窥视的欲望。您作为一位洞悉人性的哲学工作者，对此更是明白的。那您当年在出版《妞妞》时，对由此产生的轰动和反响是有意为之，还是无心插柳？

答：关于《妞妞》这本书，我为什么要写这本书，写了以后为什么要出版，其实已经有人提出过一些质疑。当然，我可以不出版，我可以写了以后不出版。但是我最后终于把它出版，因为我认为这本书的意义，不仅仅限于我自己的一段私人经历，我也不认为它是我的隐私，我认为它应该有更多的意义。当时我是突然陷到了苦难中，在这个过程中，为了自救，我有很多思考，我试图从哲学上开导自己。妞妞的到来，让我第一次品尝到了做父亲的那种快乐、那种喜悦，同时也给我带来了极大的痛苦，妞妞的病情给我带来极大的痛苦。我把这两方面的体验都记下来了。那么，这本书对于别人、对于读者，会有它的意义,就是亲情和苦难,这两方面的体验和思考对别人会有意义。不过，你说书出后轰动，这不符合事实，我和出版社更没有有意要轰动，开始只印了一万册，后来慢慢加印，它的影响是逐渐产生和扩大的，完全是自发的。当然，有些评论让我很感动，我觉得在读者眼里这本书不是你所说的隐私，譬如有人说，在这个世界上，我们每一个人都是妞妞，我觉得讲得非常好。

问：听了几次哲学讲座之后，感觉每位学者所研究的内容都变成了他本人生活的一部分，甚至左右了他的生活方式，这就是哲学与自然科学的不同之处吗?

答：对，在我看来，真正的哲学应该是这样的，应该是一种化为血肉的生活方式。但是能做到这一点是不容易的，我觉得我还没有做到，我也不相信其他来讲座的学者都做到了。哲学的存在方式有几种。一种是作为形而上学的沉思，是对人类处境的根本性思考，而且是创造性的、提供了新角度的思考，这属于那些哲学大家、哲学史上留名的大师。还有一种是作为学术，其实大量的学者都是把哲学作为学术，一辈子研究一个领域里的一个问题，整理资料。第三种就是真正把哲学变成自己的生活方式，能够和自己的人生追求融合在一起，我觉得这是一个很高的要求。其实，古希腊的很多哲学家就是这样的，哲学的开端就是这样的。但是，后来哲学的发展离开了这个传统，我认为应该回到这个传统。我由于一个是自己性情的原因，另外由于我对尼采的研究，我觉得尼采是回到了这个传统上，对我有很大的启发，使我相信这是我努力的一个方向，但是我还没做到，我正在做。

问：您是共产党员吗？如果是，您如何处理共产主义和您所从事的研究工作的冲突？

答：第一，我不是共产党员；第二，不管我是不是共产党员，这个问题都是存在的，都是有意义的一个问题。我并不认为我所从事的工作和共产主义之间有什么冲突。对于共产主义这个概念，实际上不同的人有不同的理解。你也许想讲的是马克思主义，不一定是共产主义。共产主义是指一种社会理想，这种理想，我们原来以为很快就会实现，现在看起来是无限期地往后推了，推到什么时候能实现，我们现在还不知道，没有一个人敢说什么时候会实现。能不能实现？作为一个共产党员好像不能怀疑的，但是作为一种思想探讨，我想还是可以讨论的。不过，我想讲的是马克思主义和我所思考这些人生哲学之间的关系，它们并不构成冲突的关系。问题出在什么地方？问题出在我们以前教科书上对于马克思主义的那种教条式的宣传和理解。其实马克思本人的哲学是很丰富的，而且是非常人性的。马克思的理想是什么？我觉得马克思的理想和我所追求的其实是完全一致的。你要说共产主义的话，其实马克思讲共产主义，他讲要通过所有制的改造、消灭私有制才能达到共产主义，这一点我们现在不知道，这条路是不是能够走得通，怎样才能走通。但是，马克思所想象的目标，所追求的目标，那种共产主义，最关键的一点，实际上就是一个人性化的社会。这个社会的标志并不是物质的极大丰富，也不是阶级的消灭，这都不是最重要的东西。最重要的东西是人们都自由了，从物质生产领域解放出来了。马克思说，真正的自由王国是在物质生产领域的彼岸，也就是说，社会上绝大部分的人，或者说全体成员，都用不着为自己的生存操劳了，都从这个领域里解脱出来了。到那个时候，社会发展的目的是什么？是人的能力的发展本身。人的能力的发展本身成了目的，这是马克思的原话。每个人都可以自由地去发展自己的能力，不再为生存忙碌，这就是一个理想社会要达到的目的，这才是马克思所盼望的共产主义。这和我对人生的看法、对人生的追求是完全一致的。但是，这一点在我们以前的教科书里面，我们是不说的，我们强调的是马克思的经济观点。我们现在应该更加丰富、更加本质地去理解马克思。

问：我有一次出差，途径纽约的曼哈顿，到西非的一个岛国。在曼哈顿看到了日进斗金的精英们脚步匆匆，在非洲的岛国看到衣不遮体、食不果腹的黑人手里拿着木棍，在太阳的炙烤下悠闲欢快地跳舞，他们大多是文盲。不知道您认为谁离天堂更近？

答：天堂实际上是指精神王国、精神乐园，离天堂远近当然是用精神指标来衡量的。耶稣说，想上天堂的人必须回到孩子，变成孩子，就是说一个人必须精神上单纯，才能上天堂。我觉得还应该加上丰富，一个人在精神上应该既单纯又丰富。物质越多，越陷在物质里面，离天堂就越远，所以耶稣又说，富人进天堂比骆驼钻针眼还难。不过，你提的问题比较复杂，牵涉到文明的双重价值，既有正面价值，又有负面价值，如果你要杜绝后者，前者也会失去，只能是尽量减少文明的负面价值。

问：香港一位和黄霑齐名的才子曾说，用七十年的时间探求人生的意义，无非还是吃吃喝喝、男男女女。您怎样看待此人的人生态度？

答：我认为他根本就没有探求过，所以才会这么说。

问：您在广西工作时精神上很苦闷，想出来，从哲学层面上您如何评价这种想法？

答：我觉得这是本能，用不着从哲学层面上去评说。人当然是追求快乐、躲避不快乐的，但关键是快乐的标准不一样。桂林其实也是一个特别好的地方，很美的地方。可是，我觉得我的生活是在北京，为什么呢？因为在北京，我有更开阔的视野，有更加水平相当的精神交流。这是我最看重的那种生活。如果你让我永远生活在一个落后闭塞的地方，精神生活相对比较贫困的地方，我会感到痛苦，我是从这个角度上说的。如果光从物质生活、吃喝玩乐出发的话，那现在桂林也不错，去广州、深圳更好。

问：郭世英的哲学勇气和观点是如何形成的？他的哲学悲剧意味着什么？

答：这个问题太个人化了，大部分在座的都不了解这个情况。要说清楚，就要说很多话了，我们是不是不说这个问题，因为太特殊。

问：作为当代知识分子，对社会所负有的责任是什么？

答：这个问题当然是个很大的问题，可以再开讲一次。简单地说，我特别想强调的一点就是，在任何一个社会，知识分子都应该对社会承担责任，在我看来，这种责任应该是一种精神上的责任，就是要关心社会的精神走向。知识分子应该关注社会的基本走向，它在精神上是不是对头，如果不对头，要提出自己的意见，发出自己的声音，进行批判。我想，这是一个基本的责任，对于任何一个社会的知识分子来说都是这样。知识分子应该是重大问题、根本问题的思考者和发言者。我想强调的一点是什么？中国的知识分子其实表面上、嘴上也说得很多，社会责任什么的，对社会问题很爱发言，但是有一个毛病。我认为，一个知识分子对社会的关注，应该是精神上的关注，既然是精神上的关注，那么他对自己的精神生活也应该是很重视的，应该是有自己的精神生活的。但是，很多知识分子忽略了这一点，没有自己的精神生活，没有自己的灵魂生活。在这种情况下，关注社会生活往往是从功利出发，个人的功利或社会的功利。所以，很容易没有自己的一贯性，很容易根据风向来改变，我看到过很多这样的例子。知识分子也跟着社会的风向改变，还算什么知识分子？得有自己的立场。为什么没有自己的立场呢？我觉得重要的原因，就是不从精神的层面来看社会问题。看社会问题是有各种层面的，就社会论社会，甚至只从利益角度来看社会，这个层面低了一点。不能少掉精神纬度，但我觉得就中国知识分子的普遍情况来说，是缺少这个纬度的。

问：马克思主义哲学认为，人是一切社会关系的总和，即人的本质是人的社会性。作为社会中的一个个体的人，既是手段又是目的，是二者的辩证统一。如果灵魂的高贵体现为人是目的，永远不可以把人作为手段，是否会让人的灵魂变得更自私？

答：马克思关于人的本质问题有很多论述，这是其中的一个方面。我们以前的问题把这个方面当作马克思的全部论述，这样就把马克思理解得狭窄了。马克思还说过，人的本质是人的自由自觉的活动。这个观点就更强调人是精神性的存在，作为精神性存在的人的自由。所以，关于马克思的人的观点，其实是可以再讨论的。我记得在八十年代初的时候，我们中国学术界争论很激烈，一派是把马克思关于人的论述归结为人的社会性，然后把社会性又归结为阶级性，这是一派的观点。另外一派观点认为这是狭窄的，应该更强调马克思关于人的全面的论述，强调人的人性的方面，我当时是属于这一派的。现在来看，应该说仅仅归结为社会性，这种观点的狭隘性是一目了然的，用不着再争论了。不能只把人看作目的，也要把人看作社会的手段？我觉得，这是没有理解康德命题的含义。当然，手段和目的是相对而言的，譬如说，在某些具体的情况下，你用一些人去完成一件事情，在这个意义上你会说人是手段。我是从根本的意义上来说的，从根本的意义上来说，我不知道马克思曾经说过人是手段，我不知道有这样的论述。从根本意义上来说，你只能把人作为目的，不能把人作为手段。当然，为了实现社会的目标，需要个人、很多人去参与、去奋斗，但这并不意味着人是社会的手段。从根本的意义上来说，个人和社会之间的关系是，个人是目的，社会是手段。社会无非是个人、许多个人结成的一种关系。社会为什么要存在？个人为了生存的需要，必须依靠他人，在这个过程中，人们才结成了一种社会关系。社会不为所有的个人而存在，它为什么而存在，难道是为它自己？如果抽掉了所有的个人，社会就成了一个抽象的东西，一个抽象的实体。所以，从社会产生的原因和社会最后要达到的目的来说，都是社会为了个人，是为了个人才产生，才存在的。我觉得，我们以前过于强调了社会对于个人的支配，好像个人只是手段，只是为社会服务。那么，社会究竟为了什么而存在？这是一个很奇怪的存在了。如果不是为了每一个个人的话，社会为什么要存在？你能提出一个令人满意的答案吗？我们把社会作为一个抽象的实体，作为一种凌驾于个人之上的东西，由于这种思路，造成了很多问题，导致对人的不重视，对个人价值的蔑视，所以我认为应该颠倒过来，更强调社会是为了个人，而不是个人为了社会。这不是鼓励自私，个人当然要为社会做贡献，但是，当你这样做的时候，你要明白，你归根到底是为了人，为了社会上一个个活生生的人。

问：宗教常常被科学的进步证明是错误的，想请您评价一下科学和宗教哪个更有价值。

答：科学和宗教各有各的价值。科学可以证明宗教里面的某些具体说法是错的，但是科学不能证明宗教本身是错的。这话是什么意思呢？譬如说，现在从科学来说，我们可以说知道宇宙是通过大爆炸产生的，地球是通过星云的冷却过程产生的，生物、人类是通过进化产生的，等等，这样，《圣经》里面讲的上帝在六天之内创造世界，你可以说它已经被证明是错的，世界不是上帝创造的。对这些宗教里面的具体说法，科学可以否定它，但是科学不能证明宗教最根本的东西是错的。宗教最根本的东西是什么？实际上就是世界的本质问题。世界的本质是什么？一直有两种看法。一种认为世界的本质是物质，这是我们的唯物主义的说法；还有一种就是像柏拉图、基督教，认为世界具有一种精神性的本质，对它的叫法不一样，柏拉图说是绝对理念，基督教说是上帝，我们的灵魂、精神追求都是从那里来的。这一点科学能不能把它否定？我认为不能。为什么不能？科学是管什么的？科学是管经验的，科学只能从我们感官所接触的现象里总结出一些规律来，这是科学所做的事情。但是，世界的本质是什么？有没有一个精神性的本质？这一点是永远不会在我们的经验里出现的，是我们永远经验不到的。既然经验不到，科学就不能证明它，也不能否定它。凡是第一原理都是这样的，无论是哲学上的，还是宗教上的，都是既不能证实，也不能证伪的。有没有一个上帝存在，有没有一种神圣的本质存在，世界是物质的还是精神的，这永远是科学所不能断定的，科学既不能证明也不能否定。这一点不是我的说法，费希特、列宁都说过。列宁说，到底是物质第一性还是精神第一性，这是一个信念，不是可以通过争论解决的。所谓物质第一性或精神第一性，就是世界的本质到底是物质的还是精神的，这一点永远不可能用事实来证明，所以它是一个信念，信念只能够相信，不能够证明。那么，到底哪一个更有价值？各有各的价值，宗教有宗教的价值，科学有科学的价值。宗教解决的是生活目的的问题，为什么活着的问题，科学解决的是生活手段的问题，怎么样生活得更舒服也就是更复杂的问题。科学面对的是事实，宗教面对的是价值，它们管的领域是不一样的。所以，很多大科学家同时也是教徒，或者虽然不信教，但有强烈的宗教情绪。

问：在今天的讲座中，您提到不经历苦难的人生是浅薄的，是有缺憾的，但我宁愿我的人生永远不曾有过失败，您如何看？

答：我相信没有人主动去选择苦难、挫折、失败，问题是这些遭遇是人生中难以避免的，一旦遇上了，以怎样的心态去面对。如果你总是怀着侥幸或害怕的心理，一心躲开这样的遭遇，那么，第一你在走人生的路时就会谨小慎微，成为平庸的人，第二你很可能仍然躲不开，那时候你就会埋怨、屈服甚至一蹶不振，成为一个真正的失败者，丧失了苦难本来可能给你的那些正面价值。

问：当今世界纷繁复杂，在社会里我们年轻人应该多读哪些书来净化自己的心灵，提升精神境界？希望您给我们推荐一些好书。

答：我很难拿出一个具体的书目来，因为我相信，对每一个人来说，真正会发生兴趣、读得进去的书肯定是不一样的。我想强调一点，我的建议是直接去读那些经典著作，不要去读那些二手、三手的解释性的作品。直接读大师的作品，这是我自己在读书方面最重要的经验。我上中学时就很爱读书，但是那时候我读的是一些介绍性的小册子。后来，进了大学以后，我开始读原著，读那些经典著作，包括哲学的、文学的，我马上就感觉到，其实许多大师的作品并不比那些小册子难懂，它们一下子把本质问题说清楚了，而那些小册子，那些二手的、三手的东西，在那里绕来绕去，总也说不清楚，大师们反而说得更清楚。所以，要读就去读大师的作品，那些经典著作。你读的范围可以稍微宽一点，文学的，哲学的，都可以读一些。在哲学方面，一开始的时候，你也许不知道该读哪些经典作品。我的建议是，去找一本简明的哲学史，把它浏览一下，自己感觉一下可能对哪个哲学家更感兴趣，然后就去读这个哲学家的书。简明的哲学史，我可以推荐的是，譬如商务印书馆出版的美国学者梯利写的《西方哲学史》，这本书的好处是的确比较简明，并且忠实于原著，把每个哲学家的基本思想用准确的语言说出来了。还有罗素的《西方哲学史》或《西方的智慧》，《西方的智慧》可以看作《西方哲学史》的简缩本，还有威尔·杜兰的《哲学的故事》，这些都有中译本，这两种书用生动的语言介绍了西方最伟大的哲学家。总之，先对大哲学家们有一个大概的了解，然后挑自己感兴趣的细读，就这样渐渐地受熏陶，渐渐地扩展阅读范围，这是一个办法。文学的就太多了，而且个人的趣味更不一样。我希望你们不要光看现代中国作家写的东西，不如多看一些西方古典的，像歌德、托尔斯泰，你们会发现，这些作家写的作品，不一样就是不一样，大师就是大师。

（举行此讲座的时间地点：2005 年 6 月 5 日商务印书馆涵芬楼讲座；2005 年 8 月 14 日中央国家机关青年哲学知识系列讲座；2005 年 11 月 18 日财政部培训班；2006 年 4 月 2 日深圳福田区图书馆； 2006 年 9 月 22、23 日大庆油田、大庆管理局。本文主要根据中央国家机关青年哲学知识系列讲座录音稿、参照商务印书馆涵芬楼讲座录音稿整理。）

第二辑　谈尼采

尼采的哲学贡献

多年前，我在北大讲尼采，那时我刚写出关于尼采的第一本书，也是我第一次给大学生讲尼采。地点是办公楼礼堂，时间是夜晚，刚开始讲，突然停电了，于是点一支蜡烛，在烛光下讲，像布道一样，气氛非常好。凑巧的是，正好讲完，来电了，突然灯火通明，全场欢呼。记得当时也到清华、人大、师大等校讲过。那几年里，大学生对西方思潮很热衷，成为一种时髦。我写的《尼采：在世纪的转折点上》一年印了 9 万册，译的《尼采美学文选》一年印了 15 万册，盛况可见一斑。现在冷下来了，大家都比较务实，对信仰、精神追求之类好像不那么起劲了。我倒觉得这就真实了，特别关心精神方面问题的人总是少数，大多数人在务实的同时有所关心就可以了。

在尼采研究方面，我写过两本书，一本是《转折点》，另一本是《尼采与形而上学》。今天我把这两本书里的东西连贯起来，简要地讲一讲尼采在哲学上的主要贡献。

一　尼采的生平和个性

尼采生于1844年，死于1900年。他的生平可以分作四个阶段：24岁前，童年和上学；24至34岁，任巴塞尔大学教授；34至44岁，过着没有职业的漂泊生活；44岁疯了，直至逝世。他生前发表的主要著作有：巴塞尔时期的《悲剧的诞生》《不合时宜的考察》《人性的，太人性的》；漂泊时期的《朝霞》《快乐的科学》《查拉图斯特拉如是说》《善恶的彼岸》《道德的谱系》《偶像的黄昏》《反基督徒》《看哪这人》。现在通行的尼采全集共15卷，其中一大半是他生前未发表的遗稿。

西方任何一个伟大的哲学家，他的思想都是生长在欧洲精神传统之中的，并且对这一传统在他那个时代所面临的重大问题进行了揭示和做出了某种回答。尼采同样如此，否则他就不能算一个伟大的哲学家了。除此之外，尼采的哲学同时又是他自己的内在精神过程的体现，和他的个性有着密切的关系。这个特点在别的一些哲学家身上也可发现，但在尼采身上尤其突出，他自己对此也直言不讳。因此，要理解他的哲学，我们必须对他的个性有所了解。

尼采的个性有以下鲜明的特征——

第一，敏感而忧郁。这和他的幼年经历有一定关系。他5岁丧父，据说其后他做了一个梦，梦见在哀乐声中，父亲的墓自行打开了，父亲穿着牧师衣服从墓中走出，到教堂里抱回一个孩子，然后墓又合上。做这个梦后不久，他的弟弟真的死了，家里只剩下了母亲和妹妹。从 10 岁起，他就喜欢写诗，他的少年诗作的主题是父坟、晚祷的钟声、生命的无常、幸福的虚幻。例如："树叶从树上飘零，终被秋风扫走。生命和它的美梦，终成灰土尘垢。""当钟声悠悠回响，我不禁悄悄思忖，我们全体都滚滚，奔向永恒的故乡。"可见在童年时他的心灵里就植下了悲观的根子，他后来的哲学实际上是对悲观的反抗和治疗。

第二，真诚，对人生抱着非常认真的态度。尼采在大学里学的是古典语言学，成绩优异，被誉为"莱比锡青年语言学界的偶像"。毕业时才 24 岁，就当上了巴塞尔大学教授，当地上流社会对他笑脸相迎。在一般人眼中，他在学界绝对是前程无量。可是，用雅斯贝尔斯的话说，从青年时期起，他就不断发生精神危机。往往是仿佛没来由似的，他突然和周围的人疏远了，陷入了苦闷之中。其实原因当然是有的，就是他从心底里厌恶学院生活。在他看来，多数同事充满市侩气，以学术的名义追逐名利，维持着无聊的社交，满足于过安稳的日子。在对他当上教授的一片祝贺声中，他给一个好朋友写信说："世上多了一个教书的而已！"事实上，从小产生的对生命意义的疑问始终在折磨着他，使他不得安宁。他不能想象自己一辈子就钻故纸堆了，对于他来说，古典语言学只是工具，不能让它摧毁掉哲学的悟性，即对生命和思想的基本问题的探究能力。

第三，孤独。许多伟人是孤独的，但孤独到尼采这种程度的也少见，在德国近代恐怕只有荷尔德林能和他相比。他一生未婚。有人说这是他自找的，因为他蔑视女人，大家都知道他的一句名言："你去女人那里吗？别忘了带鞭子。"在《查拉图斯特拉如是说》里，这句话出自一个老太婆之口，至少不能代表尼采对女人的全部看法。这本书里还说了许多对女人的看法，有些是很中肯的。尼采本人是一个极其羞怯的人，所以罗素嘲笑说：如果尼采带着鞭子去女人那里，十次有十次会乖乖地放下。在他一生中，真正的恋爱只有一次，爱上了一个比他小17岁的俄国姑娘莎乐美。莎乐美是一个了不起的女性，后来与里尔克、瓦格纳、弗洛伊德、斯特林堡等都有很深的交情。其实她很懂得欣赏尼采，这样描述对尼采的第一眼印象：孤独、内向而沉默寡言，具有一种近于女性的温柔，风度优雅。可惜她不爱尼采，两人相处了五个月就彻底分手了。但她仍关注尼采，1894年出版《在其著作中的尼采》，批判对尼采的误解，书中说："没有人像尼采那样，外在的精神作品与内在的生命图像如此完整地融为一体"，"他的全部经历是一种最深刻的内在经历"，唯有懂得这一点才能把握他的哲学及其发展。可见她对尼采是相当理解的。尼采在发疯前一直得不到世人的理解，基本上默默无闻。他最心爱的著作《查拉图斯特拉如是说》是自费出版的，而且卖不出去。10年的漂泊生活，总是一人孤居，租一间农舍，用酒精炉煮一点简单的食物，长年累月无人说话。他在信中写道那种"突然疯狂的时刻，孤独的人想拥抱随便哪个人"。他后来真这样了。1889 年 1 月 3 日，他正寓居都灵，走到街上，看见一个马车夫在鞭打牲口，就哭喊着扑上去，抱住马脖子，从此疯了。病历记载：这个病人喜欢拥抱和亲吻街上的任何一个行人。

二　尼采的哲学观

自古希腊以来，哲学家们一直认为，哲学的使命是追求最高真理。什么是最高真理呢？在他们看来，我们凭感官接触到的只是世界的现象，在现象背后还存在着一个世界的本质，这个本质“客观地”存在在那里，是世界的本来面目，它就是哲学要凭理性思维来把握的最高真理。在尼采以前，已经有一些哲学家对这种经典的哲学观提出了否定。其中，康德的否定有决定性的影响，他相当有说服力地证明了一点：即使世界真有一个本来面目，我们也永远不可能认识它。这就等于证明了二千年来哲学为自己规定的使命是错误的，因此，在康德之后，哲学家们对于哲学究竟应该和能够做什么这个问题发生了空前的困惑。

尼采也是如此。他曾经谈到，每一个以康德哲学为出发点的思想家，只要同时是一个有血有肉的人，而不仅仅是一架思维机器，就会不堪忍受一种痛苦，便是对真理的绝望。正是在这样的绝望中，他要为哲学寻找一个正确的使命。他的结论是，哲学仍然应该和能够追求最高真理，但这个最高真理不是世界的那个所谓“客观”本质，而是生命的意义，哲学的使命是给生命的意义一种解释。哲学仍可对世界作出某种整体性的解释，但这种解释实质上还是对生命意义的解释，而不是对世界本质的揭示。

尼采之形成这样一种哲学观，很大程度上是由于叔本华的影响。他在上大学时读到了叔本华的主要著作《作为意志和表象的世界》，大为震动。叔本华在这部著作中陈述了一种极其悲观的哲学，大意是说：世界的本质是意志，意志客体化为表象，包括我们的个体生命。意志是盲目的生命冲动，表现在个体生命身上就是欲望。欲望等于欠缺，欠缺等于痛苦，而欲望满足了又会感到无聊，人生就像钟摆一样在痛苦和无聊之间摇摆。同时，个体生命作为表象是虚无的，人生就像吹肥皂泡一样想越吹越大，但最终都要破灭。因此，唯一的出路是自觉否定生命意志，其方式是绝育、自杀、涅 等等。尼采自小就对生命的意义产生了疑问，读这本书时就感到异常兴奋，觉得它像一面巨大的镜子，照出了世界、人生的真相和他自己的心境，好像是专门为他写的一样。他认为，叔本华的伟大之处就在于，他站在人生之画前面，把它的全部画意解释给我们听，而别的哲学家只是详析画画用的画布和颜料，在枝节方面发表意见。由此他得出结论，认为每一种伟大的哲学应该说的话是：“这就是人生之画的全景，从这里来寻求你自己的生命的意义吧。”他还认为，自然产生哲学家的用意就是“要给人类的生存一种解释和意义”。后来他否定了叔本华的悲观主义，但对哲学之使命的观点始终没有变，坚信哲学理应对人生整体提供一种解释，只是这种解释不能像叔本华那样是否定人生的，而应该是肯定人生的。

尼采的哲学观有一个鲜明的特征，就是强调哲学不是纯学术。他认为，既然哲学问题都关系到人生的根本，那么，当然就没有一个是纯学术的。他常常将哲学家与学者进行对比。首先，学者的天性是扭曲的，一辈子坐在墨水瓶前，弯着腰，头垂在纸上，在书斋沉重的天花板下过着压抑的生活，长成了精神上和肉体上的驼背。他们一旦占有一门学问，便被这门学问所占有了，在一个小角落里畸形地生长，成为专业的牺牲品。这样的人自己的人生已经无意义，怎能去探索和创造人生的意义呢？相反，哲学家的天性是健康的，应该在辽阔的天空下生活和思考。古希腊的哲学家就是这样，所以有廊下、花园、逍遥学派之类的称呼。其次，哲学家是热情真诚的，关心生命意义甚于生命本身，思考哲学问题如同它们决定着自己的生死存亡一般，耳边仿佛响着一个声音：“认识吧，否则你就灭亡！”他们把自己的全部感情投入其中，不断生活在最高问题的风云中和最严重的责任中，从痛苦中分娩出思想。学者却是冷漠的，以一种貌似客观的态度从事研究。最后，哲学家有创造性，用全新的眼光看世界上的事物，自己也是世界上一个全新的事物。他所要求得的是真正属于自己的真理，而非所谓抽象的一般的真理。学者没有创造性，他们勤勉，耐心，能力和需要都平庸适度，一点一滴搜集现成的结论，靠别人的思想度日。尼采对他们极尽挖苦之能事，说他们是不育的老处女，在缝织精神的袜子，说他们宛如好钟表，只要及时上弦，就能准确报时。他还说，假如真理是一个女子，他们用一本正经、死死纠缠的方式追求，怎能讨得这个女子的欢心呢。总之，尼采认为，要做哲学家，首先就必须做一个真实的人。

尼采的哲学观还有一个鲜明的特征，就是强调哲学是非政治的。二十世纪对尼采的最大误解是把他看作一个政治狂人，并从这个角度来理解他的所有哲学概念，例如把权力意志理解为强权政治，把超人理解为种族主义。尼采生活在俾斯麦的第二帝国时期，事实上，他对俾斯麦的对外扩张政策和当时笼罩德国的民族主义持极其鲜明的反对立场，自称是“最后一个反政治的德国人”，并且一再指出：民族主义和种族歧视是民族心灵上的毒疮，政治狂热使德国人精神堕落，文化衰败。在他看来，哲学探究的是生命意义、存在、精神生活问题，世界和人生的最高真理，政治处理的是党派、阶级、民族的利益，两者属于不同层面，因此绝不能通过政治途径来解决哲学问题。他还认为，权力和职业是败坏哲学的两个因素，国家出钱养一批学院哲学家必然会导致哲学变质。由此他提出，应该取消国家对哲学（不论哪种哲学）的保护和判决，禁止以哲学为职业。他推崇的是苏格拉底之前的古希腊哲学家，称他们为“帝王气派的精神隐士”，因为他们蔑视权力，也不靠哲学来谋生，而是把哲学思考当作目的本身，当作他们处世做人的生活方式。

三 时代分析：虚无主义

一个哲学家具有独特而真诚的个性，他的著作很可能会得到久远的流传，但未必会对他的时代发生重大影响。尼采之所以对他之后的欧洲思想发生了重大影响，主要原因还在于他敏锐地把握了他的时代的问题。在一定意义上可以说，他的个人精神中的病痛与时代精神中的病痛是高度一致的，而他的真诚使他能够由直面自身的病痛进而直面时代的病痛，成为时代病痛的最热情也最无情的揭露者。

尼采诊断，时代所患的病叫虚无主义。他预言，一个虚无主义时代不可避免地会到来，历时至少二百年。他给虚无主义下的定义是：最高价值丧失了价值，缺乏目标，缺乏对“为何”的答案。在虚无主义笼罩下，人类和个体的生存都失去了根据、目的、意义。这实际上就是信仰危机。“上帝死了”是他用来概括欧洲虚无主义的基本命题。对于欧洲人来说，对“上帝”的信仰至关重要，它担保了灵魂亦即人的生命的不朽和神圣。因此，基督教信仰崩溃的后果极其严重：一方面，人的生命失去了永恒性，死成了不可挽救的死，于是人们必须面对叔本华提出的问题：生命究竟有一种意义吗？另一方面，人的生命失去了神圣性，整个欧洲道德是建立在生命神圣性的信念上的，必然随之崩溃，于是出现“一切皆虚妄，一切皆允许”的局面。尼采形容说，欧洲人失去了对上帝的信仰，就好像地球失去了太阳一样，从此陷入了无边的黑暗。

不过，尼采认为，在他的时代，虚无主义还只是站在门前，作为一个时代尚未完全到来，作为一种病还刚呈现征兆。事实上，人们还在用虚假的基督教信仰和浅薄的科学乐观主义掩盖自己的没有信仰。但是，虚无主义这种病已经在用“成百种征兆”说话了。他举出的征兆，归纳起来，大致可分三方面。第一，在信仰问题上，人们往往抱无所谓的态度。他愤怒地指出：真正的虚伪也极其罕见，虚伪属于有强大信仰的时代，人们在被迫接受新信仰时内心不放弃旧的信仰，现在人们却轻松地放弃和接受，而且依然是诚实的。左右逢源而毫无罪恶感，撒谎而心安理得，是典型的现代特征。第二，在生活方式上，典型的特征是匆忙。他形容说：现代生活就像一道急流，人们拿着表思考，吃饭时看着报纸，行色匆匆地穿过闹市；人们不复沉思，也害怕沉思，不再有内心生活，羞于宁静，一旦静下来几乎要起良心的责备。勤劳——也就是拼命挣钱和花钱——成了唯一的美德。“现代那种喧嚣的、耗尽时间的、愚蠢地自鸣得意的勤劳,比任何别的东西更加使人变得‘没有信仰’。”现代人“只是带着一种迟钝的惊讶表情把他的存在在世上注了册”。第三，在文化上，这是一个“大平庸的时代”。一方面，由于内在的贫困，缺乏创造力，现代人是“永远的饥饿者”，急于填补亦即占有，带着“一种挤入别人宴席的贪馋”，徒劳地模仿一切伟大创造的时代，搜集昔日文化的无数碎片以装饰自己，现代文化就像是一件“披在冻馁裸体上的褴褛彩衣”。（令人想起今日的“包装”文化。）另一方面，商业成了“文化的灵魂”，记者取代天才，报刊支配社会。人们只求当下性，不再关心永恒。（令人想起今日的“快餐”文化。）尼采特别讨厌剧场，认为那是为大众准备的，在剧场里，人不再是个人，而成了大众、畜群。“剧场迷信”表明了人们的精神空虚和无个性，因此他称剧场是“趣味上的公共厕所”。（令人想起今日的“电视迷信”。）

针对虚无主义的时代病症，尼采提倡真诚意识和彻底的虚无主义。真诚意识就是在信仰问题上真诚。真就是认真，不苟且，也不是无所谓。用他的话说：“置身于生存整个奇特的不可靠性和多义性之中而不发问是可鄙的。”诚就是诚实，不作假，不冒充有信仰，也不人为制造虚假的信仰。所谓彻底的虚无主义，就是不仅仅不相信某一种信仰了，比如说不相信上帝了，而是所有的信仰都不相信了。“对真理的信仰以怀疑一切迄今为止所信仰的真理为起点。”如果思考的结果仍然是什么也不相信，那就要敢于面对自己的结论，正视失去一切信仰的现实，承担起无信仰、无意义的后果，“在无神的荒漠上跋涉”。尼采就是这样，所以他自称是“欧洲第一个虚无主义者”。

四　对传统形而上学的批判

尼采揭示了时代的虚无主义病症，并且要求人们正视它，但是，他没有就此止步，他的目的是要救治这个病症。为此他对欧洲虚无主义的由来作了追根溯源的探究，他得出结论：其根源在于欧洲的传统形而上学，也就是柏拉图奠基的世界二分模式。这一模式把世界分为两个世界，即变动不居的现象界和不变的本体界，而认定前者是“虚假的世界”，后者才是“真正的世界”。尼采认为，那个所谓的“真正的世界”是用逻辑手段虚构的道德化本体。一方面，它是用逻辑手段虚构的。逻辑的产生原是出于对事物简单处理的需要，使之可认识和可操作。例如，同一律假定有完全相同的事态，事实上并没有，因果律假定一切作用背后都有一个作用者，事实上也并没有。传统形而上学所虚构的那个本体界，既超越于现象界之一切变化而永远自我同一，又是现象界的终极原因，在此虚构中起作用的正是同一律和因果律。另一方面，世界二分模式是建立在某种道德判断的基础上的。它把生成看作恶，所以要虚构一个不变的本体界，而把生成变化的现象界判为“虚假的世界”。可见否定生成是虚构“真正的世界”的道德动机。根据以上分析，尼采认为，传统形而上学用虚构的世界否定唯一的现实世界，用道德审判生命，实质上已是虚无主义。这种隐蔽的虚无主义在基督教中发展到了顶点，必然暴露出来并走向反面。

逻辑和道德在形而上学的建构中起了主要作用。自古以来，人们把这两样东西视为天经地义，传统形而上学在很大程度上是建立在对这两样东西的迷信之上的。因此，尼采花费了很大力气来揭露这两大偶像，剖析其世俗的、功用的来源，证明其非神圣性。

二十世纪哲学的基本特征是否弃用逻辑建构本体的传统形而上学。从这个角度回顾，我们可以把尼采对传统形而上学的批判视为他最重要的哲学贡献。其中，有两个观点对于当代哲学尤具启迪意义。一是对于语言在哲学中的作用的分析。在揭示逻辑在形而上学虚构中的作用时，他进而认为，是语法造就了逻辑，决定了思维，抽象的同一性来自主语，因果关系来自主谓结构。一切发生的事情以谓语的方式从属于一个主语，主语成了不变的原因，谓语则是可变的结果。最后，整个现象世界也必须有一个主语，作为其初始的原因也就是本体。所以形而上学实质上是“语言形而上学”，是对主语的信仰。他明确指出："哲学家受制于语言之网”。他由此揭示了语言在传统形而上学形成中的关键作用，把语言问题作为一个重大哲学问题提了出来。当代哲学的主流是把语言问题作为克服形而上学的突破口，在这方面尼采是一个先行者。

二是透视主义。这是尼采在批判世界二分模式时提出的一种认识理论，其主要内容为：认识即解释，即透视。有无数可能的透视中心，包括人类之外的存在，人类自身的不同透视角度，同一个人身上的不同情绪冲动，因此世界具有无限可解释性。所以，不存在“世界X”（摆脱了透视关系的“真正的世界”），只存在“X个世界”（从不同透视中心把握的许多个现象世界）。“把握全，这意味着废除一切透视关系，后者又意味着什么也不把握。”如果一定要对世界做一“客观”的描述，则它是“关系世界”。即：从每一个可能的点（透视中心）出发都能获得一个现象世界，它是这个点对其余一切点的关系之总和。在不同的点上，这个总和不同。所有这些总和的总和，即一切点对一切点的关系的总和，才是世界的“客观”面目，但它仍然是现象世界。世界究竟有没有一个本来面目？在现象界背后，究竟有没有一个不受我们的认识干扰的本体界？在康德之后，哲学家们已经越来越达成共识：不存在。世界只有一种存在方式，即作为显现在意识中的东西——现象。在达成这一认识的过程中，尼采的透视主义起了重要的作用。

由此可见，尼采不只是一个诗人气质的哲学家，而且在一向认为的严格的哲学领域（本体论、认识论）中也是完全够格的大哲学家，有着卓越的悟性和创见。

五　形而上学的重建

现代哲学的基本趋势是否定传统形而上学。但是，有一个问题值得我们深思：为什么二千年来的欧洲哲学要孜孜于寻求一个本体世界呢？这当然不是偶然的。叔本华说：“人是形而上学的动物。”这是有道理的。事实上，哲学源自对世界追根究底的冲动，因而必是一种终极追问。如果否定了终极追问，哲学也就没有存在的必要了。所以，对于传统形而上学，应该分两方面来看。一方面，那种追根究底的冲动是不可消除的，其背后的动机正是要给人生一个根本的解释。另一方面，用逻辑手段建构终极的本体，这条路是走错了，其结果是离给生命意义以一个解释的初衷越来越远，甚至背道而驰。所以，为了满足人所固有的形而上学冲动，必须另辟蹊径。

其实，尼采自己就是一个有着强烈的形而上学冲动的人。他一开始就是怀着给生命意义以一个总体解释的渴望走上哲学之路的，而唯有对世界有一个总体解释，在此框架内，对生命意义的总体解释才有可能。所以，重建形而上学是尼采必须解决的一个任务，但那已经不是传统意义上的形而上学了。针对传统形而上学用逻辑手段构造一个道德化的本体，他在重建时的出发点是非道德，即肯定生命、生成、现实世界，不对之作道德评判；手段则是非逻辑，自觉地把形而上学看作对世界的一种解释，其实质是价值设置。总之，就是要提出一种肯定生命的世界解释。他早期通过酒神和日神的概念把世界解释为生生不息的生命意志，他自己就明确地说明这是对世界的审美的解释，其用意是要用艺术拯救人生。后来，他把世界解释为权力意志，一个积极创造的力的海洋，也是为了倡导一种积极的人生态度，促进人类向上发展。所以，海德格尔根据权力意志理论而把尼采归入笛卡儿系统的形而上学家行列，我觉得理由是不充分的。我本人认为，从纯粹哲学的层面看，尼采的权力意志理论没有多大的重要性，事实上对于后来的哲学发展也没有什么影响。我们要了解尼采在本体论问题上的思想，真正应该重视的是透视主义和根据透视主义提出的“关系世界”理论。

（举行此讲座的时间地点：1996 年 12 月 29 日清华大学；1997 年 11 月 15 日清华大学；1998 年 5 月 15 日中央民族大学；1998 年 12 月 25 日北京大学；2002 年 1 月 27 日国家图书馆分馆文津讲座。各次内容有变化，根据备课提纲整理。）

尼采伟大在哪里

我简单地介绍一下尼采的思想。

尼采的思想，当然现在外边流传的很多，有各种各样的概括，比如说他的哲学是超人哲学，或者说是权力意志哲学，有不同的概括。我觉得，任何一种概括可能都是片面的，都可能会对尼采造成一个误会。所以我主张对尼采的学说，应该做一个全面的理解，就是到底他在想什么问题，他想解决什么问题，他又是怎么解决的，借此才能了解他的思想核心在什么地方。

那么根据我的研究和阅读，我觉得他作为一个思想家，到底在想什么问题呢，想解决什么问题呢。从小的来说，他在想他自己对生命的困惑，对于这个问题，他从小就发出了疑问。很小的时候，他父亲死亡，他就接触了死亡这个现象，于是他对人生发生了怀疑，到底人生有什么意义，他想所有的人都是这样，结果都是一场空，都是死，都是虚无了，什么都没有了，那么活着又有什么意义？这种疑问他从小就产生了。这是一个问题，就是生命到底有什么意义。

但是一个哲学家如果仅仅是考虑这样一个问题，那他也许有一种哲学素质，但他可能对一个时代不会产生什么影响，而尼采是对时代产生极大影响的一个哲学家，那是为什么呢？我是这样想的，就是尼采他思考的问题和那个时代的问题恰恰是统一的，一致的。他自己感觉他对生命的意义发生了疑问，然后他看同时代的那些人，他觉得他们的生活也没有意义，用他的话来说，就是虚无主义。当时他就有一个提法，说欧洲有一个不速之客正在到来，他已站到门前，这个客人的名字叫作虚无主义。

什么是虚无主义呢？按照尼采的解释，就是说最高价值失去了价值。原来以为是最高的价值，最后却发现一点价值都没有，生活失去了目标、意义，这就是虚无主义。尼采有一句非常著名的话：上帝死了！按照海德格尔的说法，“上帝死了”是尼采用来概括虚无主义的一个基本命题。什么意思呢？我们中国人可能不了解，没有这个感觉。我觉得这是因为我们没有真正的宗教，或者说没有本土的宗教。佛教是从印度传来的，至于什么儒教、道教，它们不是教，不成其为宗教。就是说没有超越的信仰，像基督教信仰一个上帝那样信仰一个比我们生活着的世界更高的世界，更高的一个境界，没有对那样一个世界的崇拜。你可以想想，我们中国是没有这样的一个宗教的。

但是西方人、欧洲人，可以说从古希腊哲学开始，从柏拉图开始，就有这样一个传统，觉得我们现在的生活并不是最高层次上的生活，仅仅是最高生活的一个影子。按照柏拉图的说法，就是有一个理念世界，我们可以说是这个理念世界的影子，我们的灵魂是从那个理念世界来的，最后还要回到理念世界去。这个理念世界按基督教的说法就是天国。那么为什么他们这样想呢？他们实际上就是要解决一个问题，就是生命的意义的问题。就是如果说生活的意义全部在我们活着的这个世界上，吃喝、工作、奋斗，最后就死了，最后这些意义不是都落空了吗？如果你就局限在我们生活的这个世界，从这里去找意义的话，那么这个意义，最后就会随着你的死，这个意义就没有了。所以他们就要找一个更高的东西，就是不会随着你的生命而消失的东西，他们要寻找这样的东西。所以他们就形成了这样一种信仰，相信人是有灵魂的，灵魂不会随着你的肉体死亡而死亡的，因为它有一个更高的来源，从天国、从理念世界来的，肉体死亡以后灵魂还要回到那里去。由于他们相信这个东西以后，他们就不怕死了。死不是完全的毁灭，不是完全的虚无，至少这个东西还在，还延续下去了。

可是到了十九世纪，到了尼采的那个时代，实际上大部分人对于基督教的信仰已经崩溃了。当然，一个很重要的原因是自然科学的发展，对于世界有了一个科学的解释，经过这样解释就没有上帝的位置了，对上帝、天国、灵魂的存在已经绝望了，这些东西已经不存在了。尼采把这种情况就概括为：上帝死了！

上帝死了对西方人来说是一个极为严重的事件。用尼采的话来说，就好像地球失去了太阳。本来人们的生活是围绕上帝的存在而旋转的，因为有上帝存在，所以生活才有了意义；因为有上帝存在，所有人的生命也就有了一个最终的保证。可是没有了上帝，这一切都没有了，生命也就没有保证了。用尼采的话说，因为上帝死了，我们不得不面对叔本华所提出的问题：生命究竟有一个意义吗？

另外一个，西方人的道德也是建立在上帝存在这样一个基础上的。不像我们，我们的道德是为了更好地处理人际关系，使社会更加稳定。西方人的道德是有一个绝对命令的，你必须那样做，因为上帝要求你那样做。怎样看待良心？他们认为良心是上帝的指示。但是既然上帝死了，道德也就没有基础了，你干什么就都可以了，人活着就是那么一回事了，吃吧，喝吧，嫖吧，赌吧，抢吧，杀吧，反正最后都是这么一回事，没有道德了，道德没有一个基础了。

所以这个对于欧洲人来说是个极为重大的事情，是一个严重的问题。用尼采的话来说，这就是虚无主义到来了。我们的生活没有一个目标了，道德没有一个基础了，这就是虚无主义。但是在尼采看来，当时他们的那个时代，虚无主义还只是刚刚来临，刚刚露了个头。用他的话来说，是站在门前，但是已经在用千百种征兆说话了，已经有各种各样的征兆表明虚无主义到来了。

很多人当时还维持着所谓的信仰，基督教信仰，照样进教堂，做礼拜。所以尼采说，它虽然还没有完全到来，但是就要到来了，他预言，虚无主义时代将延续二百年，我们现在还处在他预言的那个期限内，他如果是以十九世纪后期来预定的，那么就要到二十一世纪后期才满二百年。

当时已经有很多征兆，根据他所举的例子，主要的征兆有那么几点。第一点，没有信仰，人们普遍都没有信仰。尼采认为，没有信仰并不仅仅表现在人们不信教，不信基督教，不进教堂，实际上很多进教堂的人都没有信仰。没有信仰尤其表现在人们对信仰无所谓了，有没有信仰无所谓。他说，在这个时代，真正的虚伪也是极其罕见的，虚伪属于有强大信仰的时代，被迫接受新信仰的时候不放弃旧的；而现在人们轻松地放弃和接受，而且依然是诚实的。这是什么意思呢？他说真正有信仰的时代，一个人譬如说外界强迫你信仰一个东西，但是你内心是有自己的信仰的，当一定要你信仰某种东西、某种主义或某种宗教，你不信的话，可能就会有祸，就会把你抓起来，甚至判死刑，用火把你烧死，基督教时代有很多这种情况。那么在这种情况下，你怎么办呢？在内心有信仰的时代，人们就表面上接受这种信仰，而内心的信仰他是不放弃的。现在不一样了，现在人们可以轻松地接受，轻松地放弃，信什么都无所谓，而且好像他们都是诚实的，因为他们本来是没有什么信仰的，所以他良心没有什么不安。

这是一种，对信仰他是无所谓的。还有一个表现，就是在生活方式上，匆匆忙忙。我都不知道尼采要活到今天，他会有什么感觉。他那个时代人们已经够悠闲的了，今天人们要比一百多年前匆忙得多。尼采说，现在人们匆忙地生活，手里拿着表思考，掐着钟点看我能想几分钟，不能多想，吃饭的时候还忙着看报纸。他说，我经常坐在闹市口，看人们都是行色匆匆地从我旁边走过，我当时就产生了一个奇怪的问题，他们到底去干什么，为什么那么匆忙？他说，现在这个时代，人们不再沉思，也害怕沉思，人们心里很难安静，如果安静下来就感到很惭愧，我怎么静下来了？为此会起良心的责备。他说，现在的人，勤劳是第一美德，大家都勤劳地去挣钱，去花钱。这种生活方式尤其使人变得没有信仰，根本没有时间去关注自己的灵魂了，最后连这种需要也没有了，天天就这么过了，一辈子就这么过了。现代人完全被他的职业、义务、娱乐、时尚占领了，不再有内心生活，用尼采的话来说，现代人只是带着一种迟钝的、惊讶的表情把他的存在在世界上注了册，这个讽刺是很辛辣的。

还有一个征兆表现就是文化。用尼采的话来说，就是现在的文化是一个大平庸的时代，非常的平庸。一方面，现在的文化是内在的贫困，没有创造力。尼采说，现代人永远处在饥饿中，急于去填补，急于去占有，带着一种挤入别人宴席的贪馋，徒劳地模仿一切伟大创造的时代，收集以前文化的无数碎片来装饰自己。所以他说，现代文化是一件披在又冻又饿的裸体上的一件彩色的衣服。我觉得用一个我们现在常说的词来说，现代文化就是一个包装的文化，外面比较漂亮，拆开来一看，里边是空虚的，没有内容。你们可以到王府井书店的各个楼层去看看，我觉得大部分书都是这样的。现在的书，包装是越来越漂亮了，可是里面的内容却是越来越贫乏，雷同，抄来抄去，大部分没有内容，垃圾多得很。

一方面是内在的贫困，外表的华丽，另一方面，是和包装文化相对应的快餐文化。用尼采的话来说，商业成了文化的灵魂，记者取代了天才，报纸支配社会，人们都活在当下，不再关心永恒。就是完全活在现在，明天的事情，后来的事情可能还会想一想，但是再远的事情根本不去想。至于你这辈子究竟要达到什么目的，你活着是了为什么，这个问题更少去想了，更不去想了。尼采就讽刺那个时候，那个时候上流社会的人老是去剧场看戏，觉得这是一种很体面的生活。尼采说剧场是为大众准备的，在剧场里人不再是个人，是纯粹大众，纯粹畜群。他的意思是说你在剧场看戏实际上是受舞台支配的，受时尚支配的，一个人真正去读书、思考，这是你可以自己做主的。但是剧场不一样，一进剧场以后，共同的趣味就支配了你，所以他说剧场是趣味上的公共厕所。他认为，剧场迷信表明了人们的精神空虚和没有个性。那么我想，尼采如果今天活着，看着每天晚上那个家家户户，每个人都坐到电视机前，我不知道他会做何感想。

所以，尼采的伟大在于什么呢？一个哲学家，怎样才算伟大呢？第一，他的灵魂是有问题的。如果他的灵魂没有问题，没有让他感到痛苦、迷惘的东西，我觉得他不可能是一个好的哲学家。伟大的哲学家，首先他是为了解决自己的问题去思考，然后才走向真理。如果说认为自己没有问题，都是别人有问题，你去解决别人的问题，你是一个法官，你是一个医生，你这样的态度去研究问题的话，这样的人绝对成不了一个好的哲学家。

这是第一点，尼采他自己灵魂中有问题。第二点呢，他又能敏锐地感受到当时那个时代的问题。实际上，时代的问题和他的是一致的。他自己觉得人生没有意义，寻求人生的意义找不到，然后他觉得人们的生活方式都很没有意义，他们表面上活得很热闹，但他们也没有找到意义，实质上也是虚无主义。他看到了这一点。那么，尼采的哲学，就是为了探讨为什么会产生这样的虚无主义，怎样来解决这个虚无主义的问题，他的哲学就是这样来建立起来的。

这个话说起来就长了，是一个专门的问题，我这里就最简单地说一下。那么尼采他就探讨为什么会产生虚无主义，他认为最主要的原因就是欧洲那个传统，欧洲传统的形而上学、欧洲哲学的传统造成的。他为什么这样说呢？你看基督教也好，柏拉图也好，都把生命的意义、生命一旦终结后的意义都放到另外一个世界上，一个更高的世界，天国或者理念世界里去。那么，尼采说，从柏拉图开始，就把世界分为两个世界了。一个是我们生活的世界，在柏拉图看来，这是一个虚假的世界。还有一个更高的世界，是一个真正的世界。我们的世界是现象，更高的世界、天国是本质。尼采认为这样就有一个很大的问题，这个问题在什么地方呢？这个模式把我们的世界宣布成是一个虚假的世界，一个现象的世界，把背后的世界宣布成是一个本质的世界。

这样一种划分是怎么弄成的呢？尼采说，一个它是用逻辑的手法来建立另外一个世界，一个更本质的世界，另外一点，那个世界本身它是一个道德的世界，道德本体论。用通俗的话来说，尼采认为，这样一种划分，第一，它是虚构出来的，第二，虚构这个本质世界是为了否定我们现实的世界。实际上我们生活的世界本来就是不断变化的，我们的生活虽然是暂时的，但是我们活在这个世界上。但是如果虚构一个本质的世界、一个天国的话，我们这个现象世界、我们的真实生命就会被看作是虚无的，这样就否定了我们现在的生命。他认为虚无主义的根子已经种在这里边了，实质上已经是虚无主义了，那个思路实际上是把我们现实世界的生命已经给否定了。

经过这样的分析，从哲学的角度来说，尼采的最重要的贡献，最精彩的东西，就是对传统的形而上学，从柏拉图开始的传统的形而上学，就是把世界分成现象和本质两个方面这样一种思路，做了非常详细的解剖和批判，然后在这个基础上，他得出了一些观点，我想有兴趣的朋友可以去探讨一下。我认为，尼采在批判传统形而上学这个过程中，他最精彩的东西，对现代哲学、对现在西方哲学中最有影响的各个主流学派最有启示意义的是两个观点。一个观点是认为在西方传统形而上学的形成过程中语言起了很大的作用。就是说，我们是用语言来思考的，思考过程离不开语言，语言起了很大作用，他认为形而上学的根子就种在语言里面了，种在譬如说主语和谓语的结构中，任何谓语都要有一个主语，任何现象都要有一个本质，主谓结构已经造成了这样两分的思路了。这是一点。现代西方哲学最热门的东西就是语言哲学，就是研究语言，也就是认为语言是造成传统形而上学思路的根源，形而上学的危机就得从语言问题着手来解决。各派有什么看法，这里我就不多说了。语言在现代哲学里占到了很重要的地位，这一点在尼采那就得到了启示，尼采已经非常明确地提出了这样一种看法。

还有一点就是，尼采在批判传统形而上学的过程中提出了一个透视主义，认为所有的认识都是一种透视，一种解释。什么意思呢，因为两千年来西方哲学在干什么呢，就在干一件事情，就是要想清楚世界到底是什么。这个问题，它的思路就是这样的：我们活在世界上，我们看到的这个世界是不断变化的，还要不断变化下去，那么，如果它背后没有一个不变的东西，这个世界不是太虚了吗？它到底是个什么东西呀？背后肯定有一个不变的东西，有一个稳固的东西，是那个东西在变。他们就想找到那个东西，这样来认识世界的本质，西方形而上学就是想解决这个问题。但是这样一条思路，实际上到了康德的时候，已经受到了很有力的批判，可以说致命的批判。康德说，不管怎么去认识这个世界，你所认识的永远是现象，总是用你的思维模式去把它整理过来,至于背后的东西,你是永远不可能知道的，用他的话说，那是自在之物。因为你只要去认识，马上你就用你的思维模式去整理了,一整理就是现象了,那个东西又逃走了，所以你是永远不可能认识那个东西的。这是康德的观点。康德提出形而上学是不可能成为科学的，康德这个思想对哲学的影响是非常大的，是整个西方哲学的一个转折点。所以哲学的问题变了，以后不去研究背后的东西是什么了，因为大家都承认康德说得有道理，是没有办法去认识的。

到了尼采，提出的是什么呢？尼采说，其实这个东西根本不存在，康德还说有个东西在那里，是你没法认识的，你只能认识现象，背后还有一个本质，还有一个自在之物。但尼采说这个东西根本不存在，认识就是透视，你无论从哪个角度去看这个世界，你总得有个角度，你不可能说没有角度就去认识，这是不可能的。无法想象一种没有角度的认识，而只要有一个角度，那么你得到的东西就是现象。那么世界到底是什么呢？

用尼采的话来说，就是你从所有可能的点上去透视，去看这个世界，然后你从所有点上看到的这个世界，把它们加起来、综合起来，得到的总和是一个关系世界，世界就是这个关系世界，不过这个关系世界仍然是现象世界，不是本体世界。我想尼采是这个观点，实际上，世界背后没有一个本质，世界没有一个本来面貌，世界只能作为现象来存在，永远不可能作为本质来存在。这样一个观点，已经成为现代西方哲学的共识，我想没有一个哲学家对这个观点是反对的。不像我们这里，我们这里还在谈论世界到底是物质的还是精神的，这个问题早就过时了。好，我就讲到这里，下面我们讨论一下。(掌声)

现场互动

问：请问您对马克思的看法？

答：我认为马克思是一个非常伟大的思想家，但是我们中国以前的教科书里边和一般宣传中对马克思的理解是离马克思很远的。马克思很多的著作，实际上我们没有好好去读，往往把他的一些观点教条化了。马克思传到我们这里，经过了好几道中间步骤，比如说，经过了恩格斯，我觉得恩格斯比马克思要差得多，然后又经过了列宁，经过了斯大林，经过了毛泽东，经过了层层解释。实际上，除了真正研究马克思的个别学者之外，很多人接受的马克思是经过了各种解释的。我觉得这个可能和他的原貌距离很远。另外还有一个问题是，马克思原来是我们不准讨论的一个问题，我们只能接受对他固定的一种解释，不能去讨论。实际上，马克思的很多思想在我们以前的那个意识形态里不让我们去讨论研究的，比如关于人道主义，关于人性，以前只要讨论就被压下去。

现在，从世界范围来说，马克思对西方的学术界、思想界影响还是很大的，还是一个很重要的研究课题。有一种说法认为，十九世纪最伟大的思想家应该是马克思、尼采和弗洛伊德。弗洛伊德应该更是属于二十世纪了，是二十世纪初的。但是从纯哲学问题来说，马克思是偏于社会哲学。马克思的路子，你会觉得，应该说是从黑格尔来的，从黑格尔到马克思。前一段哈贝马斯，哈贝马斯应该说是现在德国最重要的一个哲学家了，他到中国来，当时小范围座谈的时候，我给他提了一个问题，我对他提出，你好像很少考虑传统的形而上学的问题，我说这些问题难道就不重要了吗？像尼采讨论的问题就不重要了吗？他就说，现代西方哲学实际上有三个思路，像尼采，海德格尔他们这是一条路子，还有从亚里士多德到学院派，他认为他这条路子就可以说从黑格尔，马克思到他。这么一条，更关注社会的哲学，当然在这条路上，马克思应该说是最伟大的。

问：您觉得作为一个哲学工作者能够从您这样一个哲学角度得到什么东西？教师的课堂上的哲学与大众所需要的哲学存在着什么关系？您有什么看法？

答：我觉得课堂上的哲学，或者说研究所里的哲学，和一般所有人都需要的哲学可能方式上有点不一样。我非常讨厌、不喜欢的就是以前那种把哲学从课堂上解放出来的那种方式，工农兵大学哲学，用了一些教条，大家都来背，然后生活中的所有现象都往上套，什么抓住主要矛盾呀，都往上套，那种东西实际上我觉得不是哲学。那么哲学和老百姓有关系没有，我觉得哲学是和任何一个人都有关系的。但是我是这样看的，就是真正研究哲学的人应该是很少的。哲学系的学生找不到工作，我觉得这是正常的，社会不需要那么多的哲学家。这样抽象的学问，作为一个学者来说，就是研究那些哲学史上的资料，研究哲学理论上的一些专门问题，做很细的研究，做这种专门研究的人应该很少，实际上就等于你研究理论数学的人应该少，研究理论物理学的人也应该少一样，研究这些最基本理论的人应该是很少的。需要交给大众的不是这样的哲学，实际上我认为这样的哲学已经是第二级哲学了。第一级的哲学，原原本本的哲学，应该是什么东西呢？实际上就是一个人对于人生的一种思考、一种关注，就是我刚才说的尼采小时候经历的那些困惑：到底为什么活？活着到底有什么意义？我这辈子应该怎样活？这些问题是原本的哲学问题，是涉及每一个人的哲学问题。你可以不去思考，你不思考不等于你没有这种问题，只能说你对这些问题解决得很马虎。那么像这样的问题，我觉得从事哲学研究的人有责任更多地自己也思考，而且把哲学史上对这些问题的思考介绍给大众。我觉得他们有这样的责任，这方面的书籍应该多出版一点。

问：您怎样看待中国哲学？中国哲学和西方哲学有什么不同？按照您后来的讨论，中国哲学和西方哲学是两个不同层面上的问题。比如说中国适应第一个层面，而西方适应第二个层面。还有，第三个问题就是中国的哲学和西方的哲学它们在未来的发展上是否有交叉或者取代的趋势？

答：你的问题很专业。我对中国哲学并没有很深的认识，当然看过一些书了，我只能谈我一些粗浅的感觉。这里面有个问题就是我们是怎样理解哲学的，到底哲学是什么？这就是要确定一个标准了。如果没有这个标准，就不好说。当然我这样的标准可能就会有偏见了，我的标准从西方哲学来的，我觉得哲学应该是对终极的一个思考。按照我的理解，哲学应该是对世界和人生的一个总体把握，总体的解释。当然，具体的问题可以不一样。像世界的本质是什么，这样的问题现代哲学已经不讨论了。但是不管怎么说，如果哲学只讨论枝节问题，那就不叫哲学了，哲学要去讨论根本问题。根本问题是什么呢？就是我们生活的这个世界，它从整体上到底是个什么情况。还有我们的人生，要从整体上把握我们的人生，解释我们的人生，哲学应该是这样的，应该是一种总体的解释。那么这种东西也就是形而上学本来的一个含义，物理学之后的东西，物质世界后面的东西，也就是更加精神的东西。

从这个角度来说，我觉得中国哲学有两个弱点，一个就是它缺少形而上学。起码在儒家哲学、在孔子那里是没有形而上学的。孔子也说得很清楚，他不谈这些问题。儒家哲学大概从子思的《中庸》开始已经开始有一定的形而上学了。到了宋明理学，形而上学的色彩就更浓一些，但总的来说，形而上学是比较弱的。那么这是一个弱点。第二个弱点是知识论，对于西方哲学来说，知识论是很重要的一块。形而上学这样的问题，探讨世界的本质到底是怎样的，对于这样的问题，牵涉到认识问题。所以人们回过来对认识问题进行探讨，认识过程是怎么回事，认识的根据是什么，认识的限度如何，到底能认识到什么程度，探讨知识本身的问题。那么这一点，在西方哲学，从培根以后已经是主题了，到了康德以后更是主题了。那么知识论这个问题，就是对认识的根据这一问题，像这一块，在中国哲学里面也是缺少的，可以说中国哲学基本上没有知识论。在宋明理学的时候稍微多一点，但它所讨论的知识基本上是道德知识，所谓德性之知。所以，我认为中国哲学，主要指儒家哲学，基本上是伦理学，形而上学、知识论这两块都很弱。

在中国的哲学里边，我比较欣赏老庄哲学。我觉得老子、庄子的哲学，他们那种形而上学的深度要好得多。当然不光是这一点了，我还喜欢他们的文字功夫，老子的极端简洁，庄子的洋洋洒洒。不过，我觉得老庄哲学还是有一些滑头之处，例如死亡问题它是滑过去的，它是从旁边绕，不谈这个无解的问题。

问：我想问一下，每一个有影响的人，他必然要有一种特质，比如说画家、诗人、导演，甚至商人，只要是一个对社会有贡献的人，性格之中都有某种特质，那我想问一下，您认为您性格之中有哪些特质，是非常与众不同的，我们非常想了解一下生活中的周国平是怎样一个人？（掌声）

答：实际上，人是最难了解自己的，所以我真是说不出来，我的特点就是特别没有特点。人们都说我比较随和，但是我的随和中还是有一点固执的东西，我不会随便改变自己。我这个人不太喜欢社交，我觉得很浪费时间。不过我也很喜欢和一些特别合得来的朋友，例如一些艺术界的朋友在一起，很愉快。我喜欢和艺术家打交道，不喜欢和哲学家打交道，不喜欢和学者打交道，总的来说是这样，可能这里面也能看出来我的性格吧。

问：周老师，您能谈一下您对艺术的理解吗？

答：这个问题特别大，我觉得和哲学相比，艺术是一种生命本身的迸发，更直接。我有很多艺术界的朋友，他们活得真是自由快乐。我是一个学者，我这一生的基本生活方式就是读书，写作，和文字打交道，我觉得这个局限性非常大。如果我能再活一次的话，我就不这样活了，我想做艺术家。一个人老和文字打交道，实际上对性格有一个副作用。所以我觉得我这个人很放不开，生命是受到约束的。艺术家就不一样，他直接就是形象、色彩、声音、动作、表情，这些最直接的东西，完全是生命本来的一种表现，他是用这种方式来生活、来工作的。

所以艺术家一般都很放得开，我觉得他们活得很开心，我也希望活得开心一点。

问：周老师，尼采说他希望做一个诗人，做一个音乐家，他自己在上学时就写诗。我看到您最近的一些著作，一些散文集，尼采对你的影响在哪些方面？海德格尔与东方哲学有什么关系？对知识的追求与物质生活的关系应该怎样处理，如何解决追求上的困惑？

答：我简单地说几句。第一个问题，尼采对我的影响，我想尼采对我是有一定的影响。但我说过，我也影响了尼采。这是开玩笑的。我对尼采的很多解释实际上是我自己的解释。我在第一本写尼采的书《尼采：在世纪的转折点上》的时候，实际上里边有很多话是我自己想说的话，我借尼采的口说出来，我在陈述他的观点的时候，趁机把自己的牢骚都发出来了。尼采对我的影响到底在哪些方面呢？我想可能是潜移默化的，未必表现在比如我写诗、关注崔健的音乐上，这里没有直接联系。没有读尼采的书时，我就开始写诗了，写诗主要因为当时谈恋爱，谈恋爱的时候不写诗是很可惜的。

第二点，实际上你谈的是东方哲学对西方哲学补充的问题，包括海德格尔关注过东方哲学，读过有人翻译的老子。东方哲学，包括禅宗也好，老庄也好，到底在什么程度上给西方哲学形成了一种补充？这个问题我不想讲了，我认为可能是很难的。实际上，西方哲学家对他们所接触到的那些东方哲学是有很多误解的，基本上是六经注我，是在他们自己的思路上寻求一种东西，和真正的东方哲学距离很远。

第三点，你讲的是精神追求与物质需求这两方面的冲突怎么处理。确实，在以前的时代，精神活动和物质活动是分开的，比如说贵族时代，古希腊罗马，或者近代一些时代像法国十七、十八世纪的时候，有一批人，他们是养尊处优的，很富裕，完全不用为日常生活操心，这批人里边有一些佼佼者，他们成了创造文化的最优秀的人，确实有这么一种情况。当然，这不是绝对的，我们也看到，有一些很贫困的人，尤其是越到资本主义社会，十九世纪以后，这种情况就越多了，一些创造了最伟大的精神财富的人，他们可能是极为贫困的人，甚至死于贫困，像这样的例子太多了。我觉得我不能回答你的问题，你的问题实际上是说对一个个人来说，面临着这么一个现实的选择，到底是要精神，还是要物质？我想这个问题，可能每个人的选择都不一样。我的主张是，个人的物质生活，就是你的生存问题一定要解决，不解决的话是很狼狈的，很潦倒的，最后会影响到你的精神追求的，所以这方面你一定要解决。在这个前提下，你不要放弃精神追求。至于这个比例怎么搭配，因人而异。(掌声)

问：哲学、科学和心理学是什么关系？如果科学越来越发达，我们对于这个世界越来越认识，是不是说哲学到后来，也就是说那种没有科学实践、单是凭想象来认识的哲学会消亡？

答：科学是研究经验范围的问题，经验范围就是我们通过感官接触到的材料，对这些经验进行分析、整理，这是科学所做的事情。简单地说，科学就是用逻辑思维来整理你的经验。那么哲学在这一点上和科学是相反的，哲学思考的是超越经验的问题，所有经验范围内的问题都应该由科学去解决，哲学没有必要插嘴。但是，超过经验范围的东西，就是哲学要去思考的问题，所以实际上像世界的本质、人生的意义问题都是绝对不能凭经验来解决的，它是超越经验范围的问题，所以就成了哲学问题。现在哲学发现世界是没有本质的。提本质是错的，尽管如此，我相信，哲学依然要去探讨这些超验的问题。实际上，人对这些问题的关心是无法压制的，人们永远会对无限的世界到底是什么这样的问题去做思考，在不同的时代，形式可能不一样。所以，我觉得哲学是不可能灭亡的。人总是不会满足于经验范围的，这些超越的问题总是在折磨着人们，也可以说在吸引着人们，这些问题谁来讨论，就是宗教和哲学。宗教更多的是给你现成的答案，哲学是去思考这些问题，永远找不到答案永远在思考。你还提到心理学，我觉得心理学应该分为两部分，一部分属于经验的，是科学，另一部分是人文性质的，是哲学，比如马斯洛的心理学。

（举行此讲座的时间地点：2002 年 12 月 14 日王府井书店。根据录音稿整理，有大量删节。）

一个哲学家眼中的艺术

——尼采论艺术

主持人李公明：今天周国平教授给我们做一个关于尼采论艺术的讲座。关于周老师，我想不用多说，大家通过阅读他很多的著作都非常的熟悉。我从70年代末读书开始，一直以来，周老师是我心目中非常仰慕的学者。因为在80年代初的时候，我们正是遇到思想解放的运动、西学的介绍，那段时间大学生校园的生活特别值得怀念，这个怀念里面，周老师当时翻译和介绍的尼采，特别是那一本《尼采：在世纪的转折点上》，给我们很大的影响。后来又读到了他的博士论文《尼采与形而上学》，一直都是我个人学习西学的过程里面非常重要的资源。今天请周老师做这个讲座，我相信他会把这么多年来尼采研究的一些最新成果向我们做一个介绍，他讲的部分完了以后，我相信有更多的朋友想提出问题请周老师给予解答，这是非常好的交流机会。

周国平：李公明让我来做一个讲座，他说就讲我现在正在做的事儿，那么我现在正好是在回到尼采。其实我研究尼采是在 80 年代后期到 90 年代初，写完我的博士论文后，我就宣布和尼采告别了，我说我不能在一个人身上花那么多时间，那样还有我吗？我想写自己的东西。但现在我觉得，我的尼采研究还是做得不完全，好多朋友也跟我说，你做尼采就做到这个程度太可惜了,应该做下去,所以我就妥协一下吧。关于尼采哲学，我原来写过两本书，一本是《尼采：在世纪的转折点上》，重点是尼采的人生哲学,还有就是我的博士论文《尼采与形而上学》，重点是尼采的本体论和认识论。现在我想再写一本书，是关于尼采的精神哲学的，重点讲他的美学、伦理学和文化批判，这个事情我刚开始做，刚做到美学这一块，那么我就讲一讲尼采的美学。一个多小时我也不可能讲多少，我想讲一讲我这段时间重新做尼采美学中觉得比较有意思的观点，重点讲两个观点。一个是艺术形而上学,是尼采的早期观点,主要是《悲剧的诞生》这本书里面的。我不知道你们都读过这本书没有，读过的能不能举一下手？哦，没有。那么，读过尼采著作的，不管哪一本，读过的请给我举一下手。好，这就比较多了。第二点我讲一讲艺术生理学，是尼采后期比较有代表性的观点，也比较有意思，我重点讲这两个观点。

前言：关于尼采其人

在这之前，我先把尼采的情况做一个一般的介绍。我觉得尼采这个哲学家跟其他的哲学家不太一样，他是个德国人，但是他不太像德国人。德国的哲学家都是学究气很重的，基本上是学院里的哲学家，但尼采完全不是这样，所以尼采自己也不喜欢德国，他最喜欢的是法国，他觉得他自己跟法国人比较相近，他还喜欢意大利人，他一生大部分时间也是生活在意大利、法国那些地方。尼采的哲学和他这个人的个性有很大关系，所以我先介绍一下这个人。

尼采是德国哲学家，出生在德国东部的一个小镇勒肯，德国统一前是属于东德的，生于 1844 年，死于 1900 年。他的一生可以分成四个阶段。24 岁以前是童年到大学毕业，他上大学开始在莱比锡大学，后来在波恩大学，主要学古典语文学，就是研究古希腊罗马的文献，类似于我们中国人学中国古典文学，他是学西方古典文学的。24 岁的时候，他大学毕业了，成绩非常优秀，他的老师李契尔非常喜欢他，就把他推荐到瑞士的巴塞尔大学，巴塞尔大学马上聘用他当古典语文学的教授。这是第二个阶段，大概当了 10 年教授，从 24 岁到 34 岁，但实际上他上课的时间并不长，原因是他写了一本书，就是我今天要介绍的《悲剧的诞生》。

按理说，尼采 24 岁就当上了教授，这在欧洲大学里也是少见的，可以说前途无量。但是，尼采并不买账，他给朋友写信说，无非是世上多了一个教书的而已。他对学院生活十分鄙视，一般同事满足于过学院里的安稳日子，同时又热衷于名利之争和无聊社交，他特别受不了这种氛围。进巴塞尔大学以后，他铆着劲做一件事，就是为他的第一本著作做准备，花了三年的时间，到 1872 年 1 月，在 27 岁的时候，《悲剧的诞生》出版了。可是，这本著作可以说是毁了他的学术前途，古典语文学的同行几乎一致认为它根本就没有学术水平，认为尼采不务正业，完全没有按照学术规范来搞，根本就不是在搞学术。

书出版以后，学术界起先是一片沉默，谁也不出声，包括他的老师李契尔。李契尔是最喜欢他的，还在上莱比锡大学的时候，李契尔就说他是整个莱比锡青年学术界的偶像，但是现在李契尔也不出声了。尼采非常愤怒，给他写了一封信，说我最不能忍受的是你的沉默，还说我认为如果说你的教学生涯是有成就的话，那么这个成就就体现在这本书上，你教出了我这样一个学生，能够写出这么一本书来，我非常看重你对这本书的看法。李契尔看了这封信后没有回信，只在日记上写了一句话，说尼采是自大狂。不过，李契尔给另一个学生写信的时候，就讲了自己的真实看法，说尼采的这本书是对自己的母亲也就是古典语文学的大不敬。不久以后，有一个比尼采还年轻的古典语文学家叫维拉莫维茨，他写了一本小册子，对尼采的这本书进行了全面的批判，总的意思也就是说尼采完全不是在搞学术，像尼采这样的人根本就不应该在大学的讲台上当老师。因为尼采在书中描写了古希腊酒神节狂欢的情景，歌手俄耳甫斯吹着笛子，然后老虎啊、豹啊都凑近来听，所以维拉莫维茨就说了，他说尼采应该带着虎豹去古希腊和古印度，而不应该待在大学里，你去古代世界里实现你的理想吧。

总之，这本书出版以后，尼采的状况真是非常糟糕，在学术界受到了彻底的孤立。你们知道，西方的大学是自由选课的，而在这本书出版以后，尼采就只剩下了两个学生，而且那两个学生不是古典语文学专业的，是别的专业的旁听生，跟他学古典语文学的学生一个都没有了。这种情况再加上身体越来越差，严重的神经衰弱，经常头疼、失眠，还有眼病，视力几乎到了失明的程度，最后他的教授就当不下去了，在 34 岁的时候提出了辞职，从此告别学院生涯。

从 34 岁到 44 岁，也是 10 年，是第三个阶段。在这个阶段，他是一个无业者，一个盲流，靠很微薄的退休金过日子，在欧洲的一些地方流浪。他身体很不好，又怕冷，又怕热，所以一定要找一个温度比较合适的地方，冬天基本上在意大利、法国南部、德国南部那些比较暖和的地方，夏天就找一个凉爽的山区住下来，大部分时间是住在瑞士的一个小山村里。那个地方叫西尔斯－玛丽亚，我去过那个地方，他连续八个夏天都是在那里过的，租一间很简陋的农舍住着。西尔斯－玛丽亚现在算是尼采的故居了，成了一个旅游点，卖尼采的纪念品，我觉得很可笑。那是一栋农民的房子，普通的三层楼，当年尼采是在二楼租了一小间，也就是 6 平方米的样子，一张床、一张小桌子基本上就把整个房间占满了。但是，就是在那个小房间里，尼采写出了一生中的大部分著作，包括《查拉图斯特拉如是说》这部伟大的著作。

然后，到了 44 岁的时候，大概是在 1889 年年初，他疯了，得了精神病。当时他是在意大利都灵这个城市，那一年的 1 月 2 号早晨，他走上街头，看见一个马车夫在用鞭子抽打马，他看见了以后大叫一声，扑上去，抱着马的脖子痛哭，接着就昏过去了。醒来以后，他的神智再也没有正常过，这样一直到死，大概有十一二年的时间。

关于尼采为什么会疯，以前有各种说法。有一种是说因为他太孤独了，尼采的确是太孤独了，他没有结过婚，长年是自己一个人过的，在乡村找个地方隐居起来写东西。这种成年累月的孤单生活是非常难熬的，真会把人逼疯。还有一种说法是说他在年轻的时候染上了梅毒，最后导致脑子发生病变。但我最近看到一个材料，说医生详细地研究了他的病案，否定了他染梅毒的说法。所以，原因到底是什么还很难说，我觉得和他的孤单多少是有关系的。

尼采的经历大致是这样。他这个人的性格，非常突出的一点是他从小就很悲观，很忧郁，这可能和他小时候的经历有关。5 岁的时候，他的父亲病死了，此后不到一年，他的弟弟又病死了。他家是三个孩子，父亲和弟弟死后，家里就剩下他母亲、他和他妹妹，父亲和弟弟的连续死亡给他的刺激非常大。他弟弟死之前，他做过一个很奇怪的梦，梦见父亲的坟墓开了，父亲从坟墓里出来,走到教堂里,从教堂前的桌子上抱起一个小孩，然后回到坟墓，坟墓又合上了。做这个梦后没几天，他的弟弟就死了，完全像是应验了一样。这些经历使他成为一个非常敏感也非常内向的人，他 14 岁的时候写过一个自传，里面说他就喜欢一个人待着,不喜欢跟人交往。从 10 岁开始,他写了很多诗，主题全是悲观的，父亲的坟墓、教堂的钟声、人生的无常之类。

然后到了上大学的时候，他看了叔本华的书，验证和更加强化了他的悲观。大家知道，叔本华是西方哲学家里面最悲观的一个哲学家，他整个是悲观主义的，这在西方是一个特例，西方很少产生悲观主义的哲学家，可能一个重要原因是叔本华受了印度哲学和佛教的影响。叔本华这个人生就一副愤世嫉俗的性格，对什么都看不惯，和社会的距离很远，加上受印度的影响，就成了一个悲观的人。尼采是在上大学一年级的时候，在旧书店里买到了一本叔本华的《作为意志和表象的世界》，这本书是叔本华的代表作，尼采看了以后几天几夜睡不着觉，兴奋啊。他说他觉得这本书就像是特地为他写的一样，给了他一面镜子，他在这面镜子里看到了世界和人生的真相。

那么叔本华对世界和人生是什么看法呢？叔本华有一个基本的观点，你看他的书的题目叫《作为意志和表象的世界》，这实际上就是他的主要观点了，就是世界分成两个方面，一个是现象，用他的话来说叫表象，另一个是本质，这个本质就是意志。这种世界的二分法是从柏拉图以来西方哲学的一个传统的思路了，认为我们看到的这个世界是一个虚假的世界，是一个现象的东西，因为它变动不居，所以不可能是真实的，背后一定有一个不变的东西，那个东西才是真实的。从柏拉图以来，西方哲学都是这样一个思路，我们说它是形而上学就是这个意思，metaphysics，意思是在物理学之后，物理学是有形的世界，有形世界背后有一个无形的、我们看不见的世界，那个世界是真正的世界，西方哲学就一直想要弄清这个真正的世界到底是什么，这就叫作 metaphysics。

叔本华基本上也是这样一个思路，但是跟以前的柏拉图们不同的是，柏拉图说那个真正的世界是理念，是一个抽象的概念世界，叔本华说是生命意志。生命意志是什么东西呢？叔本华说是世界本身的一种冲动，世界背后那个本质的东西是一种冲动，世界意志老是想体现为现象，现象就是我们这样一个一个的个体生命，我们每一个个体生命都是世界生命意志的现象。作为生命意志的现象，我们每一个人实际上就是一团欲望，我们完全是受欲望支配的。欲望如果不满足的话就会痛苦，可是满足以后又会无聊，所以他说人生就像钟摆一样在两种状态之间摇摆，不是痛苦就是无聊，人生实在是一点意义都没有。

不但如此，世界生命意志想要表现为现象，表现为我们这样的一个个生命，但这是徒劳的，最后必定失败。每一个生命一旦降生到这个世界上，就都想活下去，不愿意死，可是死是逃脱不了的，就像吹肥皂泡一样，都想把自己的这个肥皂泡越吹越大，结果却是不可避免的破裂。叔本华由此得出一个结论，说世界生命意志不断地制造出个体生命，表现为现象，但现象又不断地破灭，个体生命不断地死去，因此世界意志是一种盲目的冲动，它本身也是毫无意义的。那么怎么办呢？他说只有一个办法，就是我们大家都克制自己的欲望，最好是戒掉自己的生殖欲望，因为生殖欲望是世界意志的直接表现，是世界意志产生具体生命的冲动，如果我们所有的人都把生殖欲望戒除掉了，到一定的时候，这个世界上就没有生命了，世界意志就安静了。

叔本华描绘的是这样一幅世界图画，尼采看了以后如梦初醒，觉得自己一下子看清世界和人生是怎么回事情了，就是一点意义都没有。这和他从小的悲观是非常吻合的，但是他有一个特点，叔本华是接受了人生的没有意义，尼采却不肯接受，他想我还这么年轻啊，人生毫无意义，我怎么活下去啊，我一定要给人生找到一种意义。可以说尼采的哲学就是在叔本华的双重影响下形成的，一方面是接受了叔本华悲观的前提，并且加强了他的悲观，另一方面又产生了一个强烈愿望，就是要对抗悲观、克服悲观，对人生采取一种积极的立场，为人生寻找意义，是这样两种东西斗争的结果。尼采一辈子的哲学，从他的前期到后期,我认为都是有这么一个特点的,骨子里是悲观的,同时又想和悲观做斗争，要肯定人生。叔本华哲学对他有好的影响，就是明确了哲学要关注人生，要解释人生之画的全景和含义，这才是哲学的使命，而在完成这个使命的时候，他又创造了与一种不同叔本华于的哲学，一种力图肯定人生的哲学。

一　艺术形而上学

下面我就要讲到今天的主题了。上面讲的是尼采哲学的背景，只有在这个背景下面，我们才能理解尼采的美学。实际上尼采的美学并不是美学，它是哲学，尼采是借艺术问题谈人生问题。《悲剧的诞生》是尼采的处女作，这本书你从表面上看，他是想解决一个问题，就是希腊悲剧的起源。在文学艺术史上，很多大家，包括歌德，都把古希腊悲剧看作是人类艺术的顶峰，是最伟大的艺术。但是古希腊悲剧是怎么产生的？这个问题实际上一直没有搞清楚，这方面的争论很多。尼采表面上是想解决这个问题，但是这个问题比较麻烦，我就不多讲，因为牵扯到很多具体的美学内容，我想讲它背后的东西，尼采探讨这个东西实际上是想解决人生的问题。

1. 人生的虚无和艺术的使命

我刚才谈了尼采受叔本华的影响，以及他幼年的经历造成的他的悲观气质，所以一直有一个问题在折磨他：人生到底有没有意义？他实际上是接受了叔本华对世界的悲观描绘。其实我们可以想一想，叔本华对世界的描绘一点都没错。从整个宇宙来说，宇宙本身有什么意义啊？用自然科学的眼光看，这个宇宙不过是一个永恒变化的过程，这些物质的东西在那里变啊变，到一定的时候，在宇宙某个地方就产生了一个星系，比如说我们的太阳系，这个太阳系的某一个角落里面，在一定的时候就产生了像我们地球这样适合于生命产生的星球，然后生命慢慢进化，最后产生了高级的人类。但是，达尔文也认为以后是有一个退化的过程的，地球越来越不适合于人类生存了，人类开始退化，最后人类消灭、生命消灭，最后地球毁灭、太阳毁灭。自然科学描绘的是这样一个过程，这个过程有意义吗？毫无意义。用自然科学的眼光看，我们每一个人的生命有意义吗？也没有意义，不过是某一天一对男女做了一次爱，然后就形成了一个胚胎，生出来以后，这个生命有生物性的需求，要生存，但最后也是死亡。所以，用自然科学的眼光看，人类和个体的生存都是没有意义的，叔本华无非是把自然科学所描绘的这样一幅图画翻译成了哲学的语言。

尼采不甘心这样，他看到了这一点，但是他说如果我们停留在这一点上的话，那就只有两种出路。一种出路就是像印度人那样，厌世、出家，否定这个人生。另一种出路是像帝国时期的古罗马人那样，极端的世俗化，活着的时候拼命享乐，或者是极端的政治化，反正都是对于人世间具体的生活非常投入，不去想人生意义的问题，忘记人生的虚无，麻痹自己。尼采说只有这两种出路，但是他不甘心，他通过研究古希腊发现希腊人采取了第三种态度，为我们树立了一个榜样，就是用艺术拯救人生，通过艺术给人生赋予一种意义。

在后来的著作里，比如在《作为教育家的叔本华》里，尼采把他的意思说得更清楚。他说大自然之所以要产生哲学家、艺术家，是为了一种形而上的目的，就是要让自己变得有意义。大自然本身是没有意义的，它为它的无意义而苦恼，这当然是一种形象的说法了，为了摆脱这个苦恼，把自己从无意义中拯救出来，所以它要产生哲学家和艺术家，借助哲学家和艺术家给人类生存的意义以一种解释，给本无意义的世界和人生发明出一种意义来。

2. 日神和酒神

那么，古希腊艺术是怎么样给人生和世界提供意义的呢？这我就要讲到《悲剧的诞生》这本书的具体内容了。这本书里提出了一对很重要的概念，一个是日神，就是太阳神阿波罗，还有一个是酒神，就是狄奥尼索斯。很多艺术家都很喜欢这一对概念，用这一对概念来分析问题，而这是尼采的首创，他用这一对概念分析艺术，也分析人生。这一对概念是什么意思呢？

在希腊神话里，日神阿波罗是一个很重要的神，日神崇拜是最正宗的信仰，希腊宗教的主要圣地德尔斐，那里神庙里面供的就是阿波罗。阿波罗是太阳神，在太阳照耀下，万物都显得美丽。尼采就用日神来象征我们的美感，用他的话来说，就是象征对美的外观的幻觉。什么意思呢？就是说美只是一种外观，我们觉得万物很美，人生很美，这只是现象，是外在的东西、表面的东西。美都是表面的，你不能挖进去看，再美的女人，你看她的体内也是不美的。而且这种美的外观实际上是你的一种幻觉，是你因为心理上的需要产生的幻觉，事物本身是无所谓美不美的。

这个东西如果我们要更容易理解一点，可以用日常生活中的一种现象来说明，尼采自己就是这样说明的。日常生活中有一种日神现象，就是梦。做梦的时候，我们的精神是在一种幻想的情景里活动，这时候会有一种很愉快的感觉。举个例子，比如说做梦的时候，我们有时候知道自己在做梦，但是这个梦做得太舒服了，我们就会自我暗示，对自己说把这个梦做下去吧。尼采认为，这个现象说明我们在生活中是需要梦的，我们愿意停留在美的外观上，这是出自我们最内在的需要。尼采非常重视梦，他说我们的生活分为两半部分，一半是梦，一半是醒，可是我们对梦的这一半给予的重视太少了，它也是人生不可缺少的一个部分。在尼采之前，叔本华就已经很重视梦，他打过一个比方，说好像读一本书，如果你连续地读，那就是醒，如果你跳跃着读，那就是梦。他的意思是梦和醒没有多大的区别，说到底人生也是一个大梦。

实际上我们认真想一想，梦和醒真有实质的区别吗？实在不好说。这一点我们的古人早就说过了，大家都知道庄生梦蝶的故事，庄子梦见自己变成了蝴蝶，醒来以后就提出了一个问题，到底是刚才庄子梦见自己变成了蝴蝶呢，还是现在蝴蝶梦见自己变成了庄子？这个问题还真的不好回答。你说梦和醒到底用什么标准来区分？你可以说梦里的情景是模糊的，醒时的感觉是清晰的，但是有的梦也很清晰啊，栩栩如生。你也可以说做梦会醒来，醒来以后就不可能再醒了，但是庄子会问你一个问题：你怎么知道你现在不是在一个更大的梦里面呢？你不停地做梦，又醒来，但所有这些梦和醒不会是套在一个大梦里面的吗？有一天，比如说你死的时候，这个大梦醒来了，你才知道是怎么回事。可惜的是死去的人都不能够告诉我们究竟是怎么回事了，所以人生本身是不是一个大梦，你是既没法证明、也没法证伪的。这里的关键在于，梦是稍纵即逝的，人生说到底也是稍纵即逝的，在无常这一点上很相似。

尼采从中得出了一个什么结论呢？他说既然我们醒时的生活也是这么的不实在，也带有梦的性质，所以我们就要给梦以高度的重视，我们应该肯定梦，人生必须有梦。你不要说梦是虚幻的，如果你说梦是虚幻的话，那么你醒时的生活也是虚幻的，应该一视同仁。对梦的需要是人性中固有的冲动，人有这个停留在美的外观上的需要，为什么呢？因为人本身就是外观，就是大自然的一个现象。用叔本华的话来说，就是宇宙生命意志要体现为表象，因此产生了我们这样一个一个的个体生命，一个一个的具体的人，但是我们这样一个一个的具体的人并不是世界的本质，我们都是现象，我们都会破灭的，所以我们需要肯定现象。作为一种本身是现象的存在，我们需要肯定现象，我们肯定梦，就是肯定作为个体生命的我们自己，就是肯定作为现象的我们自己。日神表达的意思大致是这样。

人不光有日神的冲动，还有另外一种更重要的冲动，就是酒神冲动。酒神冲动是什么意思呢？如果说日神冲动是人作为个体生命要自我肯定，要肯定现象，所以要做梦，要给自己的生存一种美丽的外表，那么，酒神冲动就是人作为个体生命要否定自己，就是它归根到底仍是现象，它要回到本质中去。本质是什么呢？就是宇宙生命意志。人有时候是会有那样一种冲动的，就是要打破个体生命的界限，获得一种自我解体、和大自然合为一体的感觉，酒神冲动就是这样一种否定现象回归本体的冲动。

酒神冲动是一种情绪放纵的状态，在日常生活中也有类似的现象，就是醉。如果说梦是日常生活中的日神现象的话，那么醉就是日常生活中的酒神现象。这是很普遍的现象，每个人都会有，也都需要。比如说，性癫狂就是一种醉的状态，所谓欲仙欲死,仙和死都是个体解体的感觉,不但是男女合为一体了，而且是和自然合为一体了，回到了某种原始的自然状态。尼采还谈到恋爱的时候，春天来临的时候，醉酒的时候，都会有这种醉的感觉，这种自我解体的感觉。

每个人都是一个个体，都最看重自己这个个体，因为没有这个个体就没有你了。所以，如果要把个体否定掉，这会是最大的痛苦。但是，尼采指出，个体化本身就是痛苦的根源，人因为是一个个体，才会经历生老病死之苦。所以，把个体否定掉,获得个体解体的感觉,实际上是解除了人生痛苦的最大根源,所以你又会感觉到一种极乐。酒神冲动发作的时候，就是这样一种又痛苦又快乐的状态。你们回想一下，喝醉酒也好，性癫狂也好，是不是都是这种痛苦和极乐交织的感觉?

尼采为什么用酒神来命名这种个体生命否定自身回归自然本体的冲动呢?我介绍一下古希腊的酒神崇拜。在古希腊，和日神崇拜不同，酒神崇拜是一种非正统的信仰。大家知道，在希腊神话中，主神宙斯的大老婆叫赫拉，赫拉是一个很嫉妒的女人,为什么嫉妒呢?因为宙斯这个人是个花花公子,到处播种,无论是女神，还是人间的普通女人，他都去播种，搞了很多风流韵事。其中有一桩，是他和冥后也就是阎王的老婆生了一个私生子，这个私生子叫查格留斯，宙斯非常疼爱，老是把他放在自己身旁，难舍难分，这就引起了赫拉的嫉妒。赫拉就想把他杀死，唆使和奥林匹斯神界对立的那一派叫达旦族的神下手，大家看希腊神话就知道，达旦族是被希腊人看作蛮族的。为了防备这个事情发生，宙斯先是把查格留斯变作一只羊，后来又把他变成一只牛，结果还是被看出来了，然后就被杀死和肢解了。最后就把他烧掉，在烧掉以前，雅典娜女神把查格留斯的心脏抢了出来，给宙斯的另一个情人吃，吃下以后生出来一个人，就叫狄奥尼索斯。尼采认为，在这个故事里，查格留斯被肢解讲的是个体化过程，重新生出狄奥尼索斯讲的是摆脱个体化回归自然本体，所以他就把狄奥尼索斯用作了这个象征。

不过，尼采更多是根据民间的酒神秘仪和节庆来立论的。狄奥尼索斯崇拜是一种民间信仰，其实古代很多民族流传的民间节日都和酒神节相似，特点是狂欢，打破平时遵守的界限，包括家庭的界限，最后必然是狂饮烂醉，性欲放纵。人们在这个过程里得到了一种解放的快感，人和人之间没有界限，人和自然之间也没有界限，融为一体。像这样的节日在古代是很普遍的，大概在公元前六世纪的时候，酒神节庆从亚洲的色雷斯传到了古希腊。尼采很骄傲的一点，说我是第一个重视这个现象的人，我从这个现象里看到了希腊人不但有对美的外观的冲动，还有另一种更强烈的冲动，就是要摆脱个体化束缚，回归自然之母，和自然合为一体。他说希腊人这两种冲动都非常强烈，所以创造了最辉煌的艺术。其实，不管是一个民族也好，一个人也好，如果生命本能非常强烈，这两种冲动就都会非常强烈，正因为热爱生命，所以一方面留恋美的外观，要美化人生，另一方面要为人生寻找一种超越死亡的意义，在某种意义上神化人生。

归结起来说，尼采认为，无论日神冲动还是酒神冲动，都是从大自然本身迸发出来的冲动。因为大自然要产生出个体生命，要你活，所以就必须有日神冲动，要你做梦，要你相信人生是美好的。因为大自然要毁灭掉个体生命，要你死，所以必须有酒神冲动，要你陶醉，要你获得个体解体、和自然合为一体的感觉。在尼采看来,人活着是离不开梦和醉的,没有梦和醉,人生没法过，而艺术说到底就是梦和醉。

尼采把艺术分成两种形式。一种是梦的艺术，也就是日神艺术，比如造型艺术，荷马史诗，都是日神艺术，表现的是形象的美。另一种是醉的艺术,也就是酒神艺术,最典型的是音乐。按照尼采的看法，音乐完全是情绪的迸发，是完全没有形象的，是完全不可以有形象的，有形象就不是纯粹的音乐了。

3. 对世界和人生的审美辩护

无论酒神还是日神，都是用来解释人生的，都是为了给人生提供一种意义，所以我说，酒神和日神其实是作为人生的两位救主登上尼采的美学舞台上的。

在《悲剧的诞生》中，尼采花了许多篇幅分析悲剧，这个问题有点复杂，我只简单说一下。他的基本观点是，希腊悲剧本质上是酒神艺术，但是用日神方式表达了出来，或者说是古老的酒神颂音乐用舞台形象表达了出来，所以在悲剧中日神和酒神达到了统一。这里最关键的是，他用酒神来解释悲剧的本质。历来对于悲剧最不容易解释的一个问题是什么？悲剧是把英雄、把舞台上的主角毁灭给你看，让你看到人生的痛苦，可是看到那个痛苦以后，你为什么还会感到快乐呢？悲剧为什么会给你一种审美的快感呢？这是悲剧理论里面一直没有得到解决的问题，一个争论不清的问题。最早的解释是亚里士多德提出来的，他说悲剧给了你一种宣泄和净化，使恐惧的情绪得到了宣泄，怜悯的情绪得到了净化。尼采说这哪是美学的解释，宣泄是医学的解释，净化是道德的解释，都不是美学的解释。尼采认为他的解释才是美学的解释，他说悲剧把个体毁灭给你看，你为什么会感到快乐呢？因为你得到了一种形而上的安慰。什么叫形而上的安慰呢？就是说虽然你看到个体毁灭了，但是你会因此感到你和宇宙本体合为一体了。按照叔本华的解说，宇宙本体是徒劳挣扎的生命意志，是没有意义的，但尼采对这个本体做了另一种解释，他说它是不断创造的生命意志，是永恒的生命之流。实际上是同一个世界过程，不断产生出个体生命又不断把个体生命毁灭掉，叔本华强调毁灭的一面，所以说它没有意义，尼采强调不断产生的一面，毁灭了还会再产生，所以他说世界意志是很有创造力的。你和很有创造力的世界意志合为一体了，你站在它的立场上看，就不会觉得人生可悲了。尼采说，你可以想象世界意志本身是一个艺术家，用他的话来说叫宇宙艺术家，你看这个宇宙艺术家不停地在创造，然后又把自己创造的作品毁掉，它是在玩审美的游戏呢，我们每个人都是它的艺术品，作为宇宙艺术家的艺术品，这是我们生命的意义之所在。再进一步，你自己化身为它去想象一下，你就是这个宇宙艺术家，你去体会它的创造的快感，你就会觉得这个宇宙生成变化过程也是有意义的。这里的关键是要用审美的眼光来看那个本无意义的永恒生成变化过程，也就是把宇宙本体艺术化了。

这就是尼采的解释。到底能不能说得通？反正是没有把我给说服了。因为我想，我并不是宇宙本体，我仍然是个体，说我跟宇宙本体合为一体了，那样我自己不就没有了吗，我的存在又有什么意义？所以我觉得，尼采的这个理论实际上还是在寻找一种自我安慰，是在想办法说服自己。一个人一旦看到了世界和人生是没有意义的，你再要说服自己就难了，尼采到底把他自己说服了没有，我很怀疑。

在《悲剧的诞生》中，尼采提出了一个著名的命题，他说艺术是生命最高的使命和生命本来的形而上活动。这句话什么意思呢？就是说人类之所以需要艺术，是因为艺术本来就赋有拯救人生的使命的，要为本身没有形而上意义的人生提供一种形而上的意义。他还有一句话，说只有作为一种审美现象，世界和人生才显得是有充足理由的。他不说真的有充足理由，而是说显得、看起来有充足理由，这表明他并不认为艺术真的能够赋予人生一种形而上的意义，而只是让人感觉人生似乎有一种形而上的意义罢了。

不过有一点我想我们是可以同意的，即使我们对人生的看法是悲观的，我们仍要好好过这个人生。按照日神精神，即使人生是一场梦，我们也要有滋有味地做这个梦，不要失掉了做梦的乐趣。你不要老是想这是梦，不是真的，你这样的话做梦还有意思吗？按照酒神精神，即使人生是一个悲剧，我们也要有声有色地演这场悲剧，不要失掉了悲剧的壮丽。好好地梦一场，好好地醉一场，也就不枉到人世间来走一趟了。

其实尼采也明白，所谓艺术对人生赋予的意义，用他的话来说是谎言，后期他谈到了这个问题。他说艺术是谎言，但是为了生存，我们必须有谎言，依靠艺术的谎言，我们才不至于被真理毁灭。真理是可怕的，这个真理就是叔本华所描绘的世界的真相，世界和人生的毫无意义，但是尼采说谎言比真理更有价值，因为这个谎言能够保护我们，使我们能够满怀希望地生活下去，这就是艺术的价值。

这是我讲的第一个问题，是尼采早期美学中的重要思想，《悲剧的诞生》中关于艺术形而上学的论述，谈的是艺术的使命，艺术到底有什么用，简单地说就是艺术能够拯救人生，作为必要的谎言让我们能够活下去，而且活得有滋有味，不毁于可怕的真理。

二　艺术生理学

1. 审美能力取决于权力意志

第二个问题我讲一讲尼采后期的美学，我想少讲一点，留点时间大家讨论。尼采后期最重要的哲学观点是权力意志，完整的翻译是求权力的意志，这个观点也是在对叔本华的批判中形成的。他认为叔本华太消极了，叔本华说生命意志是一种盲目的挣扎，徒劳地要产生生命，尼采说生命意志的本质不是要生存，而是要追求权力，也就是要扩张自己的力量。一旦有了生命以后，生命本身已经不是目的，它要超越自己，要提高自己，要让自己越来越精彩，越来越丰富，这才是生命的本质。让自己的力量扩张和提高，尼采把生命的这样一种要求叫作权力意志。我们不能从政治上去理解权力意志的概念，在德文里，Macht 这个词可以翻译成权力，也可以翻译成强大的力量，以前我怕引起误解，把它翻译成了“强力意志”，但是现在我觉得权力这个词本来也是被我们误解了，就是在汉语里面，权力这个词也应该是广义的，不只是政治的含义。

关于权力意志的理论我不多说了，我就讲讲他的美学。尼采后期的美学把权力意志作为一个主要的概念，他认为审美也好、艺术也好，实际上都是人身上的权力意志在其中活动，审美的能力、艺术的能力归根到底取决于人的权力意志。权力意志在这里到底是什么意思呢？对这个概念你可以做各种解释，从尼采本人的言论来看也是这样，但是纵观他的全部言论，我体会它最主要的含义是指内在的生命本能，是指生命本能丰盛的程度和有力的程度，内在的生命本能是不是很强盛，有没有力量，是这个含义。他说人为什么会感觉对象美呢？是因为人身上有这种强烈的生命本能、生命冲动，凡是能满足人的生命冲动的对象，人就觉得它是美的，凡是和生命冲动相抵触的对象，人就觉得它是丑的。所以，实际上是人身上的生命冲动、也就是权力意志在做审美判断。

尼采进一步推论说，艺术的原动力就在于生命本能的丰盛。一个人的生命力太充沛了，他就要从事艺术创造，艺术实际上是通过改变事物来表达自身生命本能的强大，是要通过创作活动来反映、来释放自己身上的充沛的生命力。不过，尼采认为，并不是说一个人只要是搞艺术的，他身上的生命本能就一定是丰盛的。不是的，有的人生命本能很乏弱，他也在搞艺术，但尼采认为他搞出的艺术肯定是很糟糕的。所以，他提出了一个尺度，就是看从事创造的是本能的过剩还是匮乏，由此决定了搞出的艺术是好还是坏。

可是，也有的艺术家，生命本能好像很丰盛，搞出来的艺术却很糟糕，这是怎么回事呢？尼采就说了，生命本能真正丰盛就应该是有力量的，表现在能够自我支配，赋予生命冲动以形式，如果不能支配，就说明所谓丰盛是假象，其实权力意志很弱。他很看重艺术作品所体现的内在生命的力度，赞赏古典主义，说古典艺术能够支配丰富，赋予其形式，从而达于简单。相反，他蔑视他那个时代的现代艺术，也就是浪漫主义，做了许多批判。他说浪漫主义没有能力驾驭生命冲动，生命冲动是杂乱的，所以走两个极端，一个是激情泛滥，在总体上无形式，另一个是逃入形式美，在细节上追求精致、漂亮。

2. 艺术家的特质

下面我要讲到尼采对艺术家的看法了。他有一个提法叫艺术生理学，这个所谓生理学应该是广义的，他谈的实际上是对艺术家特质的看法。什么样的人可以成为艺术家？尼采的看法，很简单，就是权力意志特别旺盛的人，也就是生命本能既丰盛又有力度的人。他说艺术家的创造力都藏在他的肉体的活力里面，艺术家都是一些极有肉体活力的人，而谈到这种肉体活力，他往往更强调的是性欲，他说艺术家往往是性欲特别旺盛的人，是一些好色之徒。

从一般人的情况来看，一个人对周围的世界美感最强烈是在什么时候？是青春期，就是性本能觉醒的时候。这个时候是什么在做审美判断？是你身上正在蓬勃觉醒的性欲。动物在动情期是更有力量的，产生了新的色彩、新的技巧，人也是这样，一个恋爱中的人是更有力量的，他不但觉得世界非常美好，而且觉得自己也比以前变得更加美好了，并且愿意表现出这个美好。一方面把对象美化、理想化，另一方面自己也变得更有力、更完美，这种能力的根源就在性本能上面。

那么，这种本能特别强烈的人，他就会成为艺术家。事实上，艺术家往往风流韵事比较多一点，但是尼采反对艺术家闹风流韵事，因为他说在性活动中和在艺术活动中所消耗的实际上是同一种力，你在这一方面消耗多了，在那一方面就不足了，所以他主张艺术家应该保持相对的贞洁，这是艺术家的经济学。

3. 艺术家是给予者

尼采还有一个观点，他认为艺术家应该是给予者，而不是接受者。因为艺术家本身生命本能非常丰盛，所以就必须给予，通过给予来表达、来释放自己的丰盛。什么人是接受者呢？批评家，他们没有能力给予，所以只好接受。给予与接受是一条界线，区别了艺术家和外行。尼采说艺术家没有能力评判自己的作品，没有能力做批评家，这是艺术家的骄傲，艺术家不需要理解和解释自己的作品，让那些没有能力给予的人去理解和解释吧。尼采对批评家是很看不起的，他说他们都是一些外行，艺术家是内行，是内行就不要搞什么评论，你只应该创造。这就好像在两性分工中，男人给予，女人接受。艺术家是男人，他应该给予，通过给予让事物受孕，产生出新的事物。

可是，让尼采感到遗憾的是，迄今为止的美学都是从接受者的立场来谈艺术的，都是一些接受者、一些批评家在那里谈艺术，所以都没有谈到点子上。他说迄今为止的美学都是女人美学，而他想建立一种男人美学，一种给予者的美学，一种艺术家的美学。他把权力意志作为核心概念来谈审美和艺术，可以说就是这样一种男人美学吧。

现场互动

问：尼采说艺术可以安慰人生，我想到宗教对人生也是一种安慰的方式，尼采是怎么看这个问题的?

答：尼采对世界和人生提出一种艺术的解释，在一定意义上就是对宗教的解释方式的反对。他后来提出上帝死了，对基督教进行批判，在《悲剧的诞生》里还没有直接批判，但是他后来说这本书里面已经隐含了对基督教的批判了。在《悲剧的诞生》里，尼采直接批判的是科学世界观，说科学只能解释现象，不能解释现象背后的本质，不能在形而上的层面上解释世界和人生有什么意义。后来尼采批判基督教，着重批判的是基督教道德，说它是用道德审判生命，用天国否定现实的人生，把生命视为不干净的，判定我们这一世的生活本身是没有价值的，唯一的价值是为天国做准备。他的审美的解释，关键的一点是要肯定生命，用艺术为生命辩护。

问：十年前我听过一个讲座，演讲者选取了两位学者，一位是印度的泰戈尔，一位是尼采，演讲者用两位学者去阐释一个主题，说这两位不同国度的学者体现了同样的对人类博大的爱。我想知道，在尼采的书里面，哪些内容能体现出他对人类博大的爱?

答：尼采对一般的人道主义是持批判态度的，他认为这种人道主义太浮浅，太做作，公开宣布自己不是人道主义者，说他从来不许自己谈论对人类的爱，因为在这一点上自己还不够是戏子。但是，他实际上对人类是怀有博大的爱的，就是希望人类更伟大，他觉得现代人类太渺小了，对人类的现状非常不满，认为人类不应该是这样的，可以说是恨铁不成钢吧。据我的体会，尼采心目中的理想的人类有两个特点，第一是生命本能的健康和强大，第二是精神境界的超越和高贵。在他看来，现代人在这两方面都非常糟糕。一方面是生命本能的衰弱，用他的话来说就是“颓废”，decadence，表现在各个方面，比如说艺术，往往是一些病态的东西，整个现代文化都生病了，都是病人的文化，根源就在于内在生命力的衰弱。另一方面，现代人在精神上十分平庸，尤其表现在商业文化上，商人成了文化的主宰。尼采最重视的是这两点，生命本能和精神境界。这两点也是有关联的，他认为只有本能是强健的，精神才会是高贵的，在古希腊有最突出的体现。现代人这两点都不行了，所以他梦想能够回到古希腊，他对人类未来的设想，包括他所讲的超人，我觉得他心里有一个榜样，就是古希腊人。我想尼采如果生活在今天这个时代，他一定会更失望。

问：我是来自深圳大学的学生，我知道尼采曾经是个大学教师，后来他感到作为教师对自己的约束太大了，我提这个问题之前我也感觉我的问题很冒昧，请你原谅。

答：你尽管说。

问：是这样的，因为生命本身是一种自然的流露，假设作为一个教授的话，就对很多东西有约束。你是中国社科院的哲学研究员，在一个机构里面工作，肯定会有很多约束的机制，对你的思想的自由流动是否会有某种阻碍呢？你是否认为假设作为一个自由的哲学爱好者的话，思考问题会更自如一些，更真实一些呢？

答：你说得非常对，但是我不会辞职。（笑声）因为我感觉这个机关对我的约束不是很大，我还是写我想写的东西，说我想说的话。我们那个单位是这样的，一个星期去一次，你不去也没有太大关系，和没有单位差不多。（笑声）而且我写的东西文责自负，单位并不过问，他们认为我写的不是学术，所以也不关心，他们关心的是可以统计的数字，你写了多少学术的东西可以作为我们单位的成果，我写的东西不在他们关心的范围之内，这样很好。

问：如果尼采在这样的单位里呢？

答：如果尼采在这么自由的单位里，我想他也不用辞职了。（笑声）他在他那个大学里当教授，是有课时要求的。不过，尼采辞职一个很重要的原因是生病，他的身体状况真的是没法上课了。另外一点，他不喜欢教古典语文学，曾经有一个机会，他们那里是这样的，教授只有退休了或者死了才能补一个，有一个哲学教授死了，有了一个空缺，那个时候他提出了申请，但没有批准。当然，他即使当上了哲学教授，会不会当下去也难说。尼采对当教授是很痛恨的，后来写了大量讽刺学者的话，我想像他这样的人是不会安于长期做教授的。如果要我用我不喜欢的方式教我不喜欢的课程，我也会辞职，好在没有让我那样做。

问：今天我感觉很荣幸，在这儿能够看到真的周国平。（掌声）因为我对您仰慕已久，1990年我看你的第一本书《人与永恒》的时候，当时激动的心情有点像尼采看叔本华的那本书。（笑声）开个玩笑。我有一个问题。在中国学界，有一个搞神学的叫刘小枫，现在他在香港教书，因为他是巴塞尔大学毕业的，尼采在巴塞尔大学教过几年书，他为这个感到很骄傲。前一段他在网上发表一篇很重要的文章叫《尼采的微言大义》，在学界还是比较轰动的，您对这篇文章怎么评价？

答：他是什么观点？我没有看这篇文章。

问：他说在古希腊，像苏格拉底、柏拉图给执政者提意见只能用微言，因为这些执政者都是笨蛋。尼采也是这样，《查拉图斯特拉如是说》就说了很多微言。刘小枫好像站在一个褒扬的角度，认为知识分子就应该这样，用一种微言的方式，有时候用一种讽刺的方式，去给当政者提意见，既可以让这些执政者得到一种刺激，有一种改善，同时又保证了自己作为精神贵族的精神上的纯洁。但是学界也有很多人不同意，批评刘小枫是想借助这篇文章说自己也是精神贵族。刘小枫的意思是说尼采是精英文化，中国现在也分成精英文化和非精英文化。

答：尼采是巴塞尔大学的教授，但是从来不以此为荣，他24岁当了教授以后，人家祝贺他，他给一个朋友写信，说不过是世界上多了一个教书匠而已。当然，如果要划分的话，尼采应该算是精英文化，他非常看重人在精神上的高贵，甚至认为像古罗马的那种等级制度对文化是有益的，文化需要贵族制度。但是他更多的是强调精神贵族，说最好不是按照出身的门第来划分等级，最好一个人精神上伟大不伟大，高贵不高贵，能够用他四周看得见的光显示出来，让人一看就知道。不过，说尼采用微言给执政者提意见，我完全没看出来，我觉得他目中根本就没有执政者。

问：您还是同意他是把自己看作精神贵族的？

答：我认为他重点不是放在我是贵族，而是放在人应该是贵族，每个人都应该是贵族，精神上都应该是高贵的。

问：我觉得他说上帝死了，好像多少有这种意思，他还想凌驾于上帝之上，有没有这种意思？

答：没有这种意思，他绝对不是说因为他产生了，所以上帝死了。上帝死了这个命题是对欧洲人当时基本的精神状况的一个概括，就是基督教信仰崩溃了，这是一个形象的说法，换一种说法叫虚无主义，他解释说就是一向信奉为最高价值的东西现在失去了价值。尼采自视甚高，经常口出狂言，但是我们要把握他的总体精神，他追求的是人类的伟大，个体的优秀只是造就人类的伟大的手段。世上狂妄之人多的是，如果尼采只是狂妄，也就不成其为尼采了。

问：您谈到人如果精力过剩的话，发泄途径有两种，第一种是外向的，会去创作艺术品，第二种是会在性生活上走向一种不节制。我想问的问题是，对于我这样一个人，假如我精力过剩，因为我不懂艺术创作，所以往艺术品上去发泄这条路是走不通了，在这种情况下，假如我走向性生活上的不节制，您在道德上会如何评价我？

答：我在道德上对你不做任何评价，仅仅请你在生理卫生上要注意健康。不过，我认为艺术活动是广义的，你不一定作为艺术家去创造作品，有各种创造的方式，各种自我实现的方式，都可以看作广义的艺术活动。如果你把过剩的精力只往这一件事上发泄，我替你感到可惜。（笑声）

问：我想问一个问题，真善美是不是互相冲突的？

答：我们赋予真善美概念的含义往往是有歧义的，所以不能笼统回答。现在我总的倾向于认为真善美是统一的，最后指的是同一个东西，是从不同的角度用不同的名称来表达。因为如果说你纯粹是从认识论的角度来说“真”这个东西，指客观真理，也就是对象的本来面目，现代哲学一般认为是不存在的。如果从科学的角度来说，科学就是经验加逻辑，如果经验本身是真的，对经验的整理是合乎逻辑的，得出的命题就是真的。但是从哲学的角度来讲,哲学所寻求的“真”是现象背后的本质，也就是世界的终极真相，那么按照现代哲学的看法，并不存在这样一个终极真相，世界永远是以现象的形态呈现的，凡是被我们认识到的就都是现象。所以，如果现在还要谈真善美，就只能从价值论上来谈。如果有某个东西能够给人生提供一种终极意义，那么这个东西就它是人生的根本真理来说是真的，就它使人生充满意义来说是善的，就它满足我们情感的需要来说是美的。譬如说,对于基督徒来说,上帝就既是真的,也是善的,又是美的。

问：关于艺术生理学，刚才您介绍，尼采从利比多的角度对艺术家做出了一个界定，我觉得它太单一了，我想问的是在今天这样一个艺术的情境里面，有这么多艺术家，对当代艺术家和艺术作品这一块，您有没有更多的阐释？第二个问题，您谈到尼采对商业文化的反对，但是今天您也看到了，所有的艺术都不可避免地要和商业走在一起,您对此有什么样的见解呢？

答：自从艺术品成为商品以来，就存在这个艺术与商业的关系问题了。我的看法很简单，就是艺术的归艺术，商业的归商业。作为艺术家，你要立足于艺术，创作出自己真正想做的作品，尽量不掺杂市场的考虑。作品创作出来以后，在销售上就要听市场的，找好的经纪人，争取卖好的价钱。我的看法就这么简单，因为我觉得本来就不是什么复杂的问题。关于艺术生理学，我介绍的是尼采的观点，当然就不涉及对当代艺术的阐释。不过，尼采的这个观点可能不像你认为的那么简单，是值得多想一想的。这要和他的整个哲学联系起来想，他说世界本质是权力意志，就是一种具有创造力的生生不息的生命意志，然后说这个本质在我们人身上体现为肉体的内在活力，更具体的就是性的本能。因此就可以说，人身上性本能的强弱，在某种意义上就体现了这个人所秉承的世界意志本身的创造力的强弱。这样联系起来想，我觉得非常有意思，这说明性欲就不纯粹是一种生理性的能力，它同时也是一种精神性的能力。我觉得这是有道理的。人身上有两大欲望，食欲和性欲，在一定的意义上可以说，食欲及其变形是科学背后的原动力，性欲及其变形是艺术背后的原动力。食欲是指向外物的，目的是个体和种族的物质性生存，和对象之间是一种功用关系，而科学正是要通过认识和征服外部世界，来让外物为我所用，说到底是要解决吃饭问题、物质生活问题。性欲就不同，它指向自我享受，它不是要把身体养活，而是要用这个身体来享受，让这个身体快乐，和对象之间是一种情感关系，艺术创作在这一点上就和它很相似。性欲的目的不是当下的生存，而是人类和种族的生命繁衍，应该说是指向不朽的，要让生命永远延续，而精神创造活动在这一点上和它也很相似。所以，性欲和精神能力之间的确有一种联系。一个好色之徒很可能会成为一个诗人，但是我们没听说谁因为贪吃成了诗人。

问：我想知道尼采自己认为他活得有意义吗？实现了生命的价值吗？

答：这个问题你得去问尼采，不能问我。（笑声）评价人生的意义和价值有两个标准，一个是幸福，就是世俗的生活过得好不好，另一个是精神上的高贵和伟大。从世俗生活来看，应该说尼采是很不幸福的，孤独，缺乏人间的爱，缺乏世俗意义上的成功，不被人理解，书卖不出去，等等。但是，从精神生活来看，他活得很有意义，享受思想的乐趣，写出这么伟大的著作，影响了整个二十世纪人类的精神世界。

问：有一个问题我一直想问您，这么多年来您怀疑过哲学吗？比如说在您上大学的时候，当时哲学是为政治服务的，或者后来当您在农村下地干活的时候，在到单位工作的时候，其实在您现实的生活中，哲学也许不会对您有多大的帮助，那个时候您有没有怀疑过您相信的哲学可能不仅仅是看不见、摸不着，而是根本就不存在，对你的生活是毫无意义的呢？第二个问题，刚才听您讲了醉与梦，从常识上来讲，醉过之后会头疼，做了一个好梦醒来之后会有很强烈的失落感，我觉得把人从醉和梦中唤醒的恰恰是真相本身，如果是这样的话，从醉和梦中寻求安慰是不是太没有意义了呢？

答：对哲学怀疑过没有？我想是这样的，自从我领会哲学是什么以后，我就对它没有失望过。哲学本身是让你怀疑一切的，让你对一切成说进行质疑，这正是它最令人信服的地方。你说的那种为政治服务的哲学，我认为那不是哲学，所以不会动摇我对哲学的信心。当然，哲学不能改变我在现实生活中的处境，但可以帮助我对这种处境采取一种恰当的态度，保持精神上的自由，这正是哲学的大用。关于梦和醉，你讲的是具体的生活现象，即使如此，我认为它们也是有意义的，当真相太令人痛苦的时候，逃避真相以保护自己也是一种真实的需要。不过，我讲的主要是广义的梦和醉，作为心灵产品的梦想和陶醉，我认为它们在人生中起的作用是实实在在的，如果把它们都去掉的话，这个世界就是一片荒漠了。

问：您在一篇文章里说："不管世界多少热闹，热闹永远只占据世界的一小部分，热闹之外的世界无边无际，那里有我的安静的位置。"请问您拥有一个怎样的安静的位置？您在那个位置上快乐吗？您是一个悲观主义者还是乐观主义者？

答：你提的问题太多了。"安静的位置"是一个比较诗意的表达，实际生活也许没有那么诗意。我觉得这个世界真是太热闹了，明天我还要在读书节上做一个讲座，读书还需要一个节日来突出，这也是够热闹的。现在我自己的选择特别坚定，我确实觉得安静是一种特别好的状态，特别适合于我。其实我对做讲座一般都是拒绝的，现在学术界也非常热闹，开各种研讨会，我一律不参加，绝大部分时间是在家里看书、写东西，我觉得这样过日子特别好。有时候要我出来参加一个活动，我心里挺慌的，因为自己特别喜欢的一种节奏被打断了。关于悲观和乐观，尼采说他超越了悲观主义和乐观主义，我觉得我也有点像。(掌声) 我从小是一个很悲观的人，老是想到死的问题，折磨了我很长时间，但是通过阅历和哲学的自我训练，我觉得自己已经慢慢走出来了，可以说比较超脱了吧。

问：一个孤独的人与自身的欲望是很矛盾的，请问当思绪涌上心头的时候，怎样去调整和把握自己的心态，以便能更好地生活在这看似美好的世界上？是不是需要一个信念？

答：你这个表达也很诗意嘛，一诗意就比较费解了，所以我听不懂你的问题。(笑声) 就说说我对信念的理解吧，我觉得人是不可能刻意给自己营造一个信念的，一个人有向善向上的愿望，在生活的过程中就会自然而然地形成一些基本的信念。不过，有信念的人也会有孤独或迷惘的时候，这不矛盾。

问：您在搞哲学的过程之中，有没有感觉到很多东西是写不出来的，而且也说不出来的，但它们存在于意念之中？您有没有想过将来要建立自己的一套哲学体系？

答：一个似乎已经存在的思绪，但不知道如何表达，这种情形是常有的。其中又有分别。一种是你还没有找到准确的语言来表达它，但最后你是能找到的。所谓灵感就是这样，你忽有所悟，知道自己有了一个很好的思绪，但还不清晰，你找到了恰当的语言，它就变得清晰了。另一种是语言根本无法表达，所谓“道可道非常道”，这就是玄妙了。不过，说无法表达，最后还是要用语言来表达，老子不是也写了五千言？没法直接表达，就用比喻、象征、反讽种种手法间接表达，让你可以揣摩它。至于你说建立自己的体系，我不是这块料，没有这个野心。据我看，中国也没有别的人能够建立。

问：我觉得西方文化和中国文化有一个很大的不同，比如尼采提倡的酒神精神，在中国文化里就比较缺乏。我记得张爱玲有一句话，虽然张爱玲不是哲学家，但她这句话我有同感，她说中国诗人往往思维到了一个界限就停住了，这个界限就是虚无。我们到虚无以后就没有了，不像西方有叔本华的悲观，有尼采的安慰，您能不能从中西文化比较的角度来谈一下这个问题？

答：我认为这的确是中国文化的一个弱点，就是回避虚无所提出的挑战，不敢去追问终极，所以中国哲学中形而上学很弱，也不能形成本土的宗教。

问：我也是深大的学生，在这之前我读过您的《各自的朝圣路》《守望的距离》，我觉得您的文字跟您的人长得很像。（掌声）

答：我的文字比我的人漂亮一些吧。

问：我想和您探讨一个我觉得比较严重的问题，就是在我的印象里，很多艺术大家，就像梵·高、海子，都是我深爱的人，但是他们的生命都是一个悲剧性的结束。刚才您谈尼采，他骨子里面是孤独的，但是他内心又不断地与悲观作斗争，我就发现当代很多人内心也比较孤独，我希望大家不要像尼采那样，到最后疯了。您可不可以从尼采的哲学里带给我们一种思想的力量，让我们向往这个现实的世界，就像罗曼罗兰说的，在发现了生活的真相之后依然爱生活。

答：我今天做这个尼采讲座，大家听完以后是不是觉得尼采很消极啊？如果是这样，我想我讲得就有偏差。其实尼采的人生态度是很积极的，他的酒神精神强调的就是，虽然这个人生是有缺陷的，我们仍然要肯定人生，为此要把人生的缺陷也接受下来。他后期提倡一种积极的虚无主义，把这个道理说得更清楚。后期他对欧洲传统形而上学做了系统批判，他说在世界背后并不存在一个精神本质，可以为人生提供终极根据，我们必须承认人生是没有终极意义的。人本来是一种寻求意义的生物，这是人的伟大之处，人和动物的根本区别，但是，最后你没有找到意义，你仍然敢于把这个无意义承担下来，仍然积极地生活，人就更伟大了。所谓积极的虚无主义，就是虚无主义也不能把人打倒，这证明了人比虚无主义更强大。这跟你刚才提到的罗曼·罗兰的话是差不多的，实际上罗曼·罗兰受尼采的影响非常大。我们这个时代，大家都说是一个信仰缺失的时代，我倒觉得用不着都急忙去寻找一种信仰。真正的考验是，在没有信仰的情况下，你能不能仍然坚定地过一种高贵的生活，一种有灵魂的生活。其实信仰的本义就是过灵魂的生活，你看重灵魂，过灵魂的生活成为你的内在需要，如果没有这个东西，你信仰什么都只是一个标签。现在的问题就在这里，大家都不过灵魂的生活了，好像这是很不合时宜的，少数有这个需要的人就很孤独，要偷偷地过，不能让别人知道，好像只有在社会上奋斗，去争取财富和成功，那才是光荣的，造成了这么一种潮流，对灵魂生活的一种压抑。

问：尼采认为批评家没有资格去评论艺术家，那么我们大众就更没有资格了，这是不是意味着艺术家可以为所欲为，做出的东西我们必须得接受，必须说它好？

答：当然尼采的说法比较极端，你站在大众的立场上提出了抗议。我想尼采是在对艺术家说话，让他们好好创作，不要去理会批评家怎么说。批评家往往从某一个理论出发，对你指手画脚，但是你进行创作的时候，真正起作用的是你的内在冲动，你的才华，你对形式的把握。当然也可能有真正懂艺术的批评家，这样的批评家其实骨子里就是一个艺术家，能够切身体会艺术创作的过程，艺术家才华的品质，对之做出恰当的评论，但他们的意见也只能做参考。那么，艺术家是不是可以为所欲为，我们对他的作品只能说好？当然不是。其实，按照我体会的尼采的意思，他会对你说，作为接受者，你也应该直接面对艺术品本身，有你自己的感受和意见，不要听批评家的。

问：讲到哲学，我们不能不记起中国的哲学，比如说《易经》和老子，中国的哲学也讲究天人合一，跟您提到的尼采哲学里面的思想似乎有一些共同的地方，当然出发点可能不一样，结果也可能不完全一样，但这些都是中国哲学里优秀的东西。您对此有什么看法？

答：我对《易经》没有研究，没有发言权。老子、庄子我看过一点，很喜欢，在我看来是中国哲学里的精华，比儒家更是哲学。也有人把庄子和尼采做过比较，例如台湾的陈鼓应。庄子和尼采确实有一些共同之处，庄子讲逍遥游，一种“与造物者游”“游于无穷”的境界，和尼采的酒神境界很相近，也是一种审美的境界。但是，我认为在生死的问题上，庄子就比较滑头。西方哲学会问，如果死亡是虚无的话，生命还有什么意义？如果不是虚无的话，背后到底有什么？庄子就不这么问，他不那么死心眼，他告诉你生死是一回事，所谓齐生死，生死为一条，所以你不要在乎，只要你不在乎，你就不生不死了。到了道教那里，就把肉身的不生不死当成了一个目标，炼药，练功，要长生不老。道家的思想没有向更深刻的方向发展，转了个弯，变成迷信了，其中的原因我认为是值得思考的，不敢直面人生的悲剧，结果就变成了闹剧。

问：我不太懂哲学，我是从心理学了解了一些哲学方面的知识。您谈到梦与醉，让我联想到了弗洛伊德的《梦的解析》和《性学三论》，我觉得心理学和哲学有或多或少的联系，您觉得呢？

答：对，事实上弗洛伊德曾经看到尼采论述无意识的言论，据他自己说，为了避免受影响，他就不再看了。但是，弗洛伊德对梦的解析和尼采论梦是不一样的，尼采是从哲学的角度谈的，讲的是梦对于整个人生的意义，弗洛伊德讲的是梦对于人的心理健康的意义，说梦是未实现的愿望的一种必要替代。

问：我认为中国哲学也是博大精深的，它并不是以老、庄哲学为最精华的部分，后期儒家解决了尼采和老、庄所没有解决的问题，就是生命的意义在于什么。在《大学》里提出，人生的发展阶段是致知、格物、正心、诚意、修身，齐家、治国、平天下，这就最终把人生的意义给肯定了，我不知道这种理解对不对?

答：但是我没有听出来它解决了生命的意义问题，在我看来，《大学》和《中庸》里的这一段话正表明了儒家的弱点之所在，内在的修养最后还是落脚在外在的事功。我认为中国儒家一个最大的毛病就是实用品格，精神性太弱，实用性太强，这一点在《大学》《中庸》里表现得比孔子更突出。

问：尼采认为世界和人生是本无意义的，但是他曾经说过一句话："我就是太阳。"能否认为这是他的一种动摇，或者是悲观过度的乐观?

答：这是误解。鲁迅的文章里有一段话，大意是说，尼采说我也是太阳，但是他疯了。鲁迅可能是指《查拉图斯特拉如是说》序言里的一个内容，查拉图斯特拉对太阳说，如果你没有被你照耀的万物，你就会很不幸福，我也是这样，已经积聚了太多的智慧，必须去赠送给人们了。这个内容被鲁迅简单地归纳为“我是太阳”，造成了普遍的误解，其实完全不是尼采的原话。

（举行此讲座的时间地点：2004 年 10 月 18 日中央美术学院版画年会；2004 年 11 月 6 日深圳何香凝美术馆。根据何香凝美术馆录音稿和备课提纲整理。）

二十世纪中国知识分子对尼采和欧洲哲学的接受

作为一名尼采哲学的研究者和翻译者，我想结合自己在这方面的经历，以尼采哲学的接受为例，探讨一下中国知识分子对于欧洲哲学的接受的历史、现状和问题。

一　对于中国的尼采接受史的简要回顾

尼采之传入中国，在二十世纪初，是当时中国知识分子借道日本引进西学之热潮中的一项成果。最早介绍尼采的是梁启超（1902 年，《进化论革命者颉德之学说》）。但真正有代表性的人物是王国维（1904 年，《尼采氏之教育观》《德国文化大改革家尼采传》《叔本华与尼采》）和鲁迅（1908 年，《摩罗诗力说》《文化偏至论》《破恶声论》）。在当时谈论尼采的人中，只有他们两人比较认真地读了尼采的原著（虽然可能都只读过《查拉图斯特拉如是说》）并受到较深的影响。

王国维和鲁迅代表了对西方哲学的不同的接受立场：王国维是哲学的和学术的立场；鲁迅是社会的和文学的立场。

王国维不但是把德国哲学引入中国的第一人，而且是二十世纪早期中国学者中唯一真正能够进入欧洲哲学传统之思路的人。他于 1903 年至 1907 年的五年中，系统阅读了康德和叔本华的全部主要著作（英译本），并在他任实际主编的《教育世界》杂志上发表了论康德的文章六篇，论叔本华的文章六篇。从这些文章可以看出，他对形而上学和知识论怀有极其浓厚的兴趣，他的思路的确进入了欧洲哲学所探讨的基本问题之中。也就是说，他是把德国哲学当作哲学来理解，而非当作一般的文化现象或者社会思潮来理解，所重视的是其整体的哲学内涵。同时，在个人与社会的关系上，他更倾向于把哲学看作个人精神的事情，而非社会的事业。对于他来说，研究哲学主要是为了自救，而非救世。他的主要功夫下在康德和叔本华上，对尼采未及深入，但从《叔本华与尼采》一文可看出，他所关注的亦是尼采学说的哲学内涵及其与叔本华哲学的内在联系。

鲁迅 1902 年到日本留学，在留学期间接触到尼采学说，于 1908 年发表上述 3 篇文章。从这些文章看，他关注的重点是尼采对现代文明的批判，包括：(1) 批判物质主义，重视精神生活；(2) 批判群氓，提倡个人的优异。前者涉及尼采的文化理论，后者涉及尼采的道德学说。他在两者之中又更侧重于后者。在后来的作品中，鲁迅也常常提及尼采，或者显示出尼采的某些影响。其关注的重点愈加放在后者，试图用尼采的“个人的自大”（主人道德）之道德学说来改造中国人的“合群的爱国的自大”（奴隶道德）之国民性。作为个人，他对尼采的共鸣主要在一种深刻的孤独感，但这种孤独感仍是偏于社会性质的，是一个精神战士面对社会的孤独感，而非一个哲人面对宇宙的孤独感（《野草》）。

王国维之于德国哲学，所感兴趣的内容是哲学性质的，而接近此内容的方式又是严格学术性质的，他努力要把握所读哲学著作的原义，四次攻读康德的《纯粹理性批判》便是一个显著例子。他的这种态度，与当时“新学”（章太炎、梁启超等）之道听途说、信口开河、牵强附会的学风适成对照。

鲁迅之于尼采，在内容的接受上具有强烈的社会关切，在接近的方式上则多半是文学性质的。后者是指，他主要是在自己的文学写作中引证尼采的个别言论或涉及其某些见解，这样做往往还有修辞学上之考虑，而无意对某一个西方哲学家（在这里是尼采）做系统的客观的研究。

此后直到 1949 年，中国知识界对尼采的介绍、宣传和谈论一直没有停止，但基本上是走在鲁迅的思路上，而鲁迅确实代表了这一思路的最高成就。这个思路就是：(1) 社会的立场：

注意力放在用尼采的个人自强说改造中国国民性，因此被谈得最多的是尼采的主人道德与奴隶道德说、超人说。他的本体论、知识论很少有人论及。(2) 文学的立场：被尼采的文采所吸引，因此，譬如说，尼采最富文采的著作《查拉图斯特拉如是说》被人谈论得最多，也翻译得最多，而最具哲学性的著作，例如《善恶的彼岸》《偶像的黄昏》《反基督徒》却很少有人读和谈论。

由于哲学的和学术的立场之缺乏，将近50年里，关于尼采所发表的多是单篇文章，小册子已属例外（只有李石岑《超人哲学浅说》1931，陈诠《从叔本华到尼采》1944），无专著，内容多为一般性介绍或感想式议论，翻译也相当落后，大多数著作未被译出。

1949年以后，对尼采的评价照搬苏联，两句话概括：法西斯主义的思想先驱；反动的唯意志论。尼采之接受完全中断。

二　中国的欧洲哲学接受之问题和前景

中国的文化传统：重视实用，无形而上学；政治至上，无独立的学术。使得中国知识分子往往不是作为哲学家、学者，而是作为社会活动家、改革家面对西方哲学，社会关切压倒一切，对每一种哲学本身的问题不予关心，只想寻找其中有助于解决中国问题的内容。在接受的过程中，那种哲学必然被缩减甚至被歪曲了。

对尼采哲学也是如此。它只成了一种道德学说。而在尼采那里，道德问题其实是作为形而上学基本问题的一个方面加以思考的。

尼采是五十年里（1949 年之前）最热闹的话题之一（还有进化论，柏格森，杜威，罗素），其余就更可想而知了。

王国维“学术转向”的重要原因：此路不通。他因双重限制而绝望：自身文化传统的限制（只能做哲学史家）；社会文化环境的限制（无人对话）。

中国知识分子能以何种方式接受和进入西方哲学，这是值得探讨的。可以设想的方式：

主观的——

（1）作为怀有社会关切的“文化人”，以西方哲学为分析、解决中国社会之实际问题或精神问题的武器，如鲁迅之于尼采，胡适之于杜威，张君劢之于柏格森，陈独秀之于马克思。

（2）作为自成一体的学问家，以西方哲学为形成自己的思想或学问体系的材料之一，如章太炎之于康德。

（3）作为爱好者，以西方哲学为个人精神生活之指导或安慰，如早期王国维之于叔本华。

客观的——

（4）作为介绍者，通过翻译或论述，把西方哲学介绍到中国来。今日中国以西方哲学为职业的人基本上做的是这一工作。

（5）作为研究者，真正进入西方哲学的问题之中，并能够与西方最优秀的研究者展开水平相当的对话。

在今日中国,占主流的仍是(1)。我本人的定位:(3)和(4)。

现场互动

问：尼采是从西方的基督教传统中生长出来的，他又是反对现代性的，中国没有基督教传统，又在搞现代化，如何能够理解尼采?

答：这是一个很好的问题。我认为，尼采思考的问题有两个方面。一是欧洲特殊的方面，这一方面与希腊和基督教传统密切联系。二是人类共同的方面。我们可以通过后一方面去理解前一方面。例如“上帝死了”，这是欧洲特殊的问题，没有基督教传统的人很难理解这个命题的严重性。但人之需要对于生命意义的信仰，这是人类共同的，我们借此而得以理解“上帝死了”对于欧洲人意味着什么。

（本文是1999年6月18日在海德堡大学“在中国和日本的欧洲形象”国际研讨会上的发言稿）

第三辑　与中学生谈写作

三辰影库请一些作家来给中学生谈写作，我也在被请之列。我不知道自己算不算一个作家。我没有申请加入作家协会，不是作协会员。我的专业是哲学，不是文学。我写过一些东西，因为不像一般学术论文那样枯燥和难懂，人家就把它们称为散文，也就把我称为作家了。这些都不重要，重要的是，我的确喜欢写作，写作的确成了我的生活的一个重要内容。

我自己从来不看作文指导、作文秘诀之类的东西，因为我不相信写作有普遍适用的方法，也不相信有一用就灵的秘诀。所以，我不会来和你们说这些。如果有谁和你们说这些，我劝你们也不要听，他说出的肯定是一些老生常谈。一个作家关于写作所能够说出的最有价值的东西，是他自己在写作中悟出来的道理。我尽量只讲这个。我想根据我的体会讲一讲，对于一个写作者来说，最重要的道理是哪些。

第一讲　写作与精神生活

这一讲的主题是为何写。你们来听这个讲座，目的当然是想学到写作的本领。但是，为什么想学写作呢？这是一个不能不问的问题，它关系到能不能学成，学到什么程度。

一　真正喜欢是前提

一定有不少同学是怀着作家梦学写作的，他们觉得当作家风光,有名有利。现在中学生写书出书成了时髦。中学生写的书，在广大中学生中有市场，出版商瞄准了这个大市场。中学生出书是新鲜事，有新闻效应，媒体也喜欢炒。现在中学生用不着等到将来才当作家，马上就有可能。这对于中学生的作家梦是一个强有力的刺激。

我不认为中学生写书出书是坏事，更不认为想当作家是不良动机。但是，这不应该是主要动机甚至唯一动机。如果只有这么一个动机，就会出现两个后果。第一，你的写作会围绕着怎样能够被编辑接受和发表这样一个目标进行，你会去迎合，失去了你自己的判断力。的确有人这样当上了作家，但他们肯定是蹩脚的作家。第二，你会缺乏耐心，如果你总是没被编辑看上，时间一久，你会知难而退。总之，当不当得上作家不是你自己能够做主的事情，所以，只为当上作家而写作，写作就成了受外界支配的最不自由的行为。

写作本来是最自由的行为，如果你自己不想写，世上没有人能够强迫你非写不可。对于为什么要写作这个问题，我最满意的回答是：因为我喜欢。或者：我自己也不知道为什么，就是想写。所有的文学大师，所有的优秀作家，在谈到这个问题时都表达了这样两个意思：第一，写作是他们内心的需要；第二，写作本身使他们感到莫大的愉快。通俗地说，就是不写就难受，写了就舒服。如果你对写作有这样的感觉，你就不会太在乎能不能当上作家了，当得上固然好，当不上也没关系，反正你总是要写的。事实上，你越是抱这样的态度，你就越有可能成为一个好的作家，不过对你来说那只是一个副产品罢了。

所以，我建议你们先问自己两个问题：第一，我是不是真的喜欢写作？第二，如果当不上作家，我还愿意写吗？如果答案是肯定的，你就具备了进入写作的最基本条件。如果是否定的，我奉劝你趁早放弃，在别的领域求发展。我敢肯定，写作这种事情，如果不是真正喜欢，花多大工夫也是练不出来的。

二　用写作留住逝水年华

有人问我：你怎样走上写作的路的？我自己回想，我什么时候算走上了呢？我发表作品很晚。不过，我不从发表作品算起，我认为应该从我开始自发地写日记算起。那是刚读小学的时候，只有五六岁吧，有一天我忽然觉得，让每一天这样不留痕迹地消逝太可惜了。于是我准备了一个小本子，把每天到哪儿去玩了、吃了什么好吃的东西等等都记下来，潜意识里是想留住人生中的一切好滋味。现在我认为，这已经是写作意识最早的觉醒。

人生的基本境况是时间性，我们生命中的一切经历都无可避免地会随着时间的流逝而失去。“子在川上曰：‘逝者如斯夫，不舍昼夜。’”人生最宝贵的是每天、每年、每个阶段的活生生的经历，它们所带来的欢乐和苦恼，心情和感受，这才是一个人真正拥有的东西。但是，这一切仍然无可避免地会失去。总得想个办法留住啊，写作就是办法之一。通过写作，我们把易逝的生活变成长存的文字，就可以以某种方式继续拥有它们了。这样写下的东西，你会觉得对于你自己的意义是至上的，发表与否只有很次要的意义。你是非写不可，如果不写，你会觉得所有的生活都白过了。这是写作之成为精神需要的一个方面。

三　用写作超越苦难

人生有快乐，尼采说：“一切快乐都要求永恒。”写作是留住快乐的一种方式。同时，人生中不可避免地有苦难，当我们身处其中时，写作又是在苦难中自救的一种方式。这是写作之成为精神需要的另一个方面。许多伟大作品是由苦难催生的，逆境出文豪，例如司马迁、曹雪芹、陀思妥耶夫斯基、普鲁斯特等。史铁生坐上轮椅后开始写作，他说他不能用腿走路了，就用笔来走人生之路。

写作何以能够救自己呢？事实上它并不能消除和减轻既有的苦难，但是，通过写作，我们可以把自己与苦难拉开一个距离，以这种方式超越苦难。写作的时候，我们就好像从正在受苦的那个自我中挣脱出来了，把他所遭受的苦难作为对象，对它进行审视、描述、理解，距离就是这么拉开的。我写《妞妞》时就有这样的体会，好像有一个更清醒也更豁达的我在引导着这个身处苦难中的我。

当然，你们还年轻，没有什么大的苦难。可是，生活中不如意的事总是有的，青春和成长也会有种种烦恼。一个人有了苦恼，去跟人诉说是一种排解，但始终这样做的人就会变得肤浅。要学会跟自己诉说，和自己谈心，久而久之，你就渐渐养成了过内心生活的习惯。当你用笔这样做的时候，你就已经是在写作了，并且这是和你的精神生活合一的最真实的写作。

四　写作是精神生活

总的来说，写作是精神生活的方式之一。人有两个自我，一个是内在的精神自我，一个是外在的肉身自我，写作是那个内在的精神自我的活动。普鲁斯特说，当他写作的时候，进行写作的不是日常生活中的那个他，而是“另一个自我”。他说的就是这个意思。

外在自我会有种种经历，其中有快乐也有痛苦，有顺境也有逆境。通过写作，可以把外在自我的经历，不论快乐和痛苦，都转化成了内在自我的财富。有写作习惯的人，会更细致地品味、更认真地思考自己的外在经历，仿佛在内心中把既有的生活重过一遍，从中发现更丰富的意义，并储藏起来。

我的体会是，写作能够练就一种内在视觉，使我留心并善于捕捉住生活中那些有价值的东西。如果没有这种意识，总是听任好的东西流失，时间一久，以后再有好的东西，你也不会珍惜，日子就会过得浑浑噩噩。写作使人更敏锐也更清醒，对生活更投入也更超脱，既贴近又保持距离。

在写作时，精神自我不只是在摄取，更是在创造。写作不是简单地把外在世界的东西搬到了内在世界中，它更是在创造不同于外在世界的另一个世界。雪莱说:“诗创造了另一种存在，使我们成为一个新世界的居民。”这不仅指想象和虚构，凡真正意义上的写作，都是精神自我为自己创造的一个自由空间，这是写作的真正价值之所在。

第二讲　写作与自我

这一讲的主题是为谁写和写什么。其实，明确了为何写，这两个问题也就有答案了，简单地说，就是为自己写，写自己真正感兴趣的东西。

一　为自己写作

如果一个人出自内心需要而写作，把写作当作自己的精神生活，那么，他必然首先是为自己写作的。凡是精神生活，包括宗教、艺术、学术，都首先是为自己的，是为了解决自己精神上的问题，为了自己精神上的提高。孔子说："古之学者为己，今之学者为人。"为己就是注重自己的精神修养，为人是做给别人看，当然就不是精神生活，而是功利活动。

所谓为自己写作，主要就是指排除功利的考虑，之所以写，只是因为自己想写、喜欢写。当然不是不给别人读，作品总是需要读者的，但首先是给自己读，要以自己满意为主要标准。

一方面，这是很低的标准，就是不去和别人比，自己满意就行。世界上已经有这么多伟大作品，我肯定写不过人家，干吗还写呀？不要这么想，只要我自己喜欢，我就写，不要去管别人对我写出的东西如何评价。另一方面，这又是很高的标准，别人再说好，自己不满意仍然不行。一个自己真正想写的作品，就一定要写到让自己真正满意为止。真正的写作者是作品至上主义者，把写出自己满意的好作品看作最大快乐，看作目的本身。事实上，名声会被忘掉，稿费会被消费掉，但好作品不会，一旦写成就永远属于我了。

唯有为自己写作，写作时才能拥有自由的心态。不为发表而写，没有功利的考虑，心态必然放松。在我自己的作品中，我最喜欢的是《人与永恒》，就因为当时写这些随想时根本不知道以后会发表，心态非常放松。现在预定要发表的东西都来不及写，不断有编辑在催你，就有了一种不正常的紧迫感。所以，我一直想和出版界“断交”，基本上不接受约稿，只写自己想写的东西，写完之前免谈发表问题。

唯有为自己写作，写作时才能保持灵魂的真实。相反，为发表而写，就容易受他人眼光的支配，或者受物质利益的支配。后一方面是职业作家尤其容易犯的毛病，因为他借此谋生，不管有没有想写的东西都非写不可，必定写得滥，名作家往往也有大量平庸之作。所以，托尔斯泰说：“写作的职业化是文学堕落的主要原因。”法国作家列那尔在相同的意义上说：“我把那些还没有以文学为职业的人称作经典作家。”最理想的是另有稳定的收入，把写作当作业余爱好。如果不幸当上了职业作家，也应该尽量保持一种非职业的心态，为自己保留一个不为发表的私人写作领域。有一就出版社出版“名人日记”丛书，向我约稿，我当然拒绝了。我想，一个作家如果不再写私人日记，已经是堕落，如果写专供发表的所谓日记，那就简直是无耻了。

二　真正的写作从写日记开始

真正的写作，即完全为自己的写作，是从写日记开始的。我相信，每一个好作家都有长久的纯粹私人写作的前史，这个前史决定了他后来成为作家不是仅仅为了谋生，也不是为了出名，而是因为写作是他的心灵需要。一个真正的写作者是改不掉写日记习惯的人罢了，全部作品都是变相的日记。我从高中开始天天写日记，在中学和大学时期，这成了我的主课，是我最认真做的一件事。后来被毁掉了，成了我的永久的悔恨，但有一个收获是毁不掉的，就是养成了写作的习惯。

我要再三强调写日记的重要，尤其对中学生。当一个少年人并非出于师长之命，而是自发地写日记时，他就已经进入了写作的实质。这表明第一，他意识到了并试图克服生存的虚幻性质，要抵抗生命的流逝，挽留岁月，留下它们曾经存在的证据；第二，他有了与自己灵魂交谈、过内心生活的需要。看一个中学生在写作上有无前途，我主要不看语文老师给他的作文打多少分，而看他是否喜欢写日记。写日记一要坚持(基本上每天写)，二要认真（不敷衍自己，对真正触动自己的事情和心情要细写，努力寻找确切的表达)，三要秘密（基本上不给人看，为了真实)。这样持之以恒，不成为作家才怪呢。

三　写自己真正感兴趣的东西

写什么？我只能说出这一条原则：写自己真正感兴趣的东西。题材没有限制，凡是感兴趣的都可以写，凡是不感兴趣的都不要写。既然你是为自己写，当然就这样。如果你硬去写自己不感兴趣的东西，肯定你就不是在为自己写，而是为了达到某种外在的目的了。

在题材上，不要追随时尚，例如当今各种大众刊物上泛滥的温馨小情感故事之类。不要给自己定位，什么小女人、另类、新新人类，你都不是，你就是你自己。也不要主题先行，例如反映中学生的生活面貌之类，要写出他们的乖、酷、早熟什么的。不要给自己设套，生活中，阅读中，什么东西触动了你，就写什么。

重要的不是题材，而是对题材的处理，不是写什么，而是怎么写。表面上相同的题材，不同的人可以写成完全不同的东西。好的作家无论写什么，一总能写出他独特的眼光，二总能揭示出人类的共同境况，即写的总是自己，又总是整个人生和世界。

第三讲　写作与风格

这一讲的主题是怎样写。其实怎样写是没法讲的，因为风格和方法都不是孤立的，存在于具体的作品之中，无法抽取出来，抽取出来便不再是原来的那个东西，失去了任何意义。每一个优秀作家都有自己的风格和方法，它们是和他的全部写作经验联系在一起的，原则上是不可学的。我这里只能说一些最一般的道理，这些道理也许是所有的写作者都不该忽视的。

一　勤于积累素材和锤炼文字

好的作品必须有两样东西，一是好的内容，二是好的文字表达。这两样东西不是在写作时突然产生的，而要靠平时下功夫。当然，写作时会有文思泉涌的时刻，绝妙的构思和表达仿佛自己来到了你面前，但这也是以平时做的工作为基础的。作家是世界上最勤快的人，他总是处在工作状态，不停地做着两件事，便是积累素材和锤炼文字。严格地说，作家并非仅仅在写一个具体的作品时才在写作，其实他无时无刻不在写作。

灵感闪现不是作家的特权，而是人的思维的最一般特征。当我们刻意去思考什么的时候，我们未必得到好的思想。可是，在我们似乎什么也不想的时候，脑子并没有闲着，往往会有稍纵即逝的感受、思绪、记忆、意象等等在脑中闪现。一般人对此并不在意，他们往往听任这些东西流失掉了。日常琐屑生活的潮流把他们冲向前去，他们来不及也顾不上加以回味。作家不一样，他知道这些东西的价值，会抓住时机，及时把它们记下来。如果不及时记下来，它们很可能就永远消失了。为了及时记下，必须克服懒惰（有时是疲劳）、害羞（例如在众目睽睽的场合）和世俗的礼貌（必须停止与人周旋）。作家和一般人在此开始分野。写作者是自己的思想和感受的辛勤的搜集者。许多作家都有专门的笔记本，用于随时记录素材。写小说的人都有一个体会，就是故事情节可以虚构，细节却几乎是无法虚构的，它们只能来自平时的观察和积累。

作家的另一项日常工作是锤炼文字。他不只是在写作品时做这件事，平时记录思想和文学的素材时，他就已经在文字表达上下功夫了。事实上，内容是依赖于表达的，你要真正留住一个好的思想，就必须找到准确的表达，否则即使记录了下来，也是打了折扣的。写作者爱自己的思想，不肯让它被坏的文字辱没，所以也爱上了文字的艺术。好的文字风格如同好的仪态风度，来自日常一丝不苟的积累。无论写什么，包括信、日记、笔记，甚至一张便笺，下笔绝不马虎，不肯留下一行不修边幅的文字，如果你这样做，日久必能写一手好文章。

二　质朴是大家风度

质朴是写作上的大家风度，表现为心态上的平淡，内容上的真实，文字上的朴素。相反，浮夸是小家子气，表现为心态上的卖弄，内容上的虚假，文字上的雕琢。

文人最忌、又难戒的是卖弄，举凡名声、地位、学问、经历，甚至多愁善感的心肠，风流的隐私，都可以拿来卖弄。有些人把写作当作演戏，无论写什么，一心想着的是自己扮演的角色，这角色在观众中可能产生的效果。凡是热衷于在自己的作品中抛头露面的人，都应该改行去做电视主持人。

真实的前提是有真东西。有真情实感才有抒情的真实，否则只能矫情、煽情。有真知灼见才有议论的真实，否则必定假大空。有对生活的真切观察才有叙述的真实，否则只能从观念出发编造。真实极难，因为我们头脑里有太多的观念，妨碍我们看见生活的真相。在《战争与和平》中，托尔斯泰写娜塔莎守在情人临终的病床边，这个悲痛欲绝的女人在做什么？在织袜子。这个细节包含了对生活的最真实的观察和理解，但一般人绝不会这么写。

大师的文字风格往往是朴素的。本事在用日常词汇表达独特的东西，通篇寻常句子，读来偏是与众不同。你们不妨留心一下，初学者往往喜欢用华丽的修辞，而他们的文章往往雷同。

三　文字贵在简洁

对于一个作家来说，节省语言是基本美德。文字功夫基本上是一种删除废话废字的功夫。列那尔说：风格就是仅仅使用必不可少的词，绝对不写长句子，最好只用主语、动词和谓语。要惜墨如金，养成一种洁癖，看见一个多余的字就觉得难受。

第四讲　写作与读书

这一讲的主题是谁在写。一个人以怎样的目的和方式写作，写出怎样的作品，归根到底取决于他是个怎样的人。在一定意义上，每个作家都是在写自己，而这个自己有深浅宽窄之分，写出来的结果也就大不一样。造就一个人的因素很多，我只说一个方面，就是读书。

一　养成读书的爱好

写作者的精神世界与读书有密切关系。许多大作家同时是大学者或酷爱读书的人，例如歌德、席勒、加缪、罗曼·罗兰、毛姆、博尔赫斯等。中国也有作家兼学者的传统，例如鲁迅、郭沫若、茅盾、叶圣陶、林语堂、梁实秋、沈从文。现在许多作家不读书，只写书，写出的作品就难免贫乏。

要养成读书的爱好，使读书成为生活的基本需要，不读书就感到欠缺和不安。宋朝诗人黄山谷说：“三日不读书，便觉语言无味，面目可憎。”三日不读书，自惭形秽，觉得没脸见人，要有这样的感觉。

读书的面可以广泛一些，不要只限于读文学书，琢磨写作技巧。读书的收获是精神世界的拓展，而这对写作的助益是整体性的。

二　读最好的书

读书的面可以广，但档次一定要高。读书的档次对写作有直接影响，大体上决定了写作的档次。平日读什么书，会形成一种精神趣味和格调，写作时就不由自主地跟着走。所以，读坏书——我是指平庸的书——不但没有收获，而且损害莫大。

我一直提倡读经典名著，即人类文化宝库中的那些不朽之作。古今中外有过多少书，唯有这些书得到长久和广泛的流传，绝大多数书被淘汰，绝非偶然。书如汪洋大海，你自己作全面筛选绝不可能，碰到什么读什么又太盲目。这等于是全人类替你初选了一遍，这等好事为何要拒绝。即使经典名著，数量也太多，仍要由你自己再选择一遍。重要的是要有一个信念，非最好的书不读。有了这个信念，即使读了一些并非最好的书，仍会逐渐找到那些真正属于你的最好的书，并成为它们的知音。

千万不要跟着媒体跑，把时间浪费在流行读物上。天下好书之多，一辈子读不完，岂能把生命浪费在这种东西上。我不是故作清高，我有许多赠送的报刊，不读觉得对不起人家，可是读了总后悔不已,头脑里乱糟糟又空洞洞,不只是浪费了时间,最糟的是败坏了精神胃口。歌德做过一个试验，半年不读报纸，结果发现与以前天天读报比，没有任何损失。

三　读书应该激发创造力

我提倡你们读书，但许多思想家对书籍怀有警惕，例如蒙田、叔本华、尼采。开卷有益，但也可能无益，甚至有害，就看它是激发了还是压抑了自己的创造力。对于一个写作者来说，读书应该起到一种作用，就是刺激自己的写作欲望。

为了使读书有助于写作,最好养成写笔记的习惯。包括：一，摘录对自己有启发的内容；二，读书的体会，特别是读书时浮现的感触、随想、联想，哪怕它们似乎与正在读的书完全无关，愈是这样它们也许对你就愈有价值，是你的沉睡着的宝藏被唤醒了。

（举行此讲座的时间地点：2000 年 10 月 27 日三辰影库。本文为内容概要，根据备课提纲整理。）

第四辑　性爱四讲

第一讲　谈爱情

前言：两性关系与人性

性、爱情、婚姻的问题是人人都关心的一个问题，尤其是年轻人，但其实不年轻也一样，一个人一辈子都会关心这个问题的。一个人感到幸福不幸福，实际上和自己在性、爱情、婚姻这个问题上的遭遇有很大的关系。我们可以回想一下，我们自己一生的经历，真正给自己带来了极大快乐的事情恐怕就是爱情，但往往也是这个问题上的遭遇可能给自己带来最大的苦恼。爱情可以使人极乐，也可以使人极悲。许多人间的悲剧也是发生在爱情、婚姻这个领域里，有些人因此就看破红尘了，把人世看淡了。譬如说贾宝玉，他和林黛玉的爱情悲剧导致他最后遁入了空门，当和尚去了，当然原因很复杂，但至少爱情悲剧是一个重要原因。为了爱情而自杀的人，恐怕比为别的什么事都多。有的是失恋，比如歌德笔下的维特，这个维特在生活中是有原型的。有的是殉情，两个人相爱得不得了，但就是不能结合，结果就一起去死吧，比如莎士比亚笔下的罗密欧与朱丽叶，其实这样的故事在我们的实际生活中是时常发生的。还有的人可能是因为在爱情方面受挫吧，就变得玩世不恭了，反正我看透了，哪里有什么爱情，那我就不要爱情了，我只要性。拜伦写的唐璜就是这样，先后和一千零三个女人上床，拜伦自己也差不多，对于女人，他主张用土耳其后宫里的做法，拍一下手，让仆人把她们带来，完事后再拍一下手，让仆人把她们带走。我们在生活中可以看到很多这样的现象，在文学作品里可以看到很多这样的描写，就是爱情对人的这种巨大牵扯，使人大喜大悲。爱情有这么大的威力，对我们的生活有这么大的影响，这个问题当然就值得我们来认真思考一下。

不过这个问题很难谈，实际上我们每个人对于爱情、婚姻的看法，对于异性的评价，往往都和自己在这方面的经历有关。经历好一点，就会比较乐观，觉得爱情还是存在的，还是很美好的。经历不太好的，有过挫折，受过伤害，就可能对爱情的评价比较低，对异性的评价比较低，甚至完全灰心了，对整个异性世界感到失望了，比如认定世界上没有一个好男人，这种现象也很普遍。所以，爱情观往往和自己亲身的爱情经历分不开，今天让我来谈，恐怕我也很可能会加入我自己的这种因素，很难是客观地、理性地去考虑。但是我想，既然是面向公众的讲座，我就应该尽量做到客观和理性。

从人性的角度上来看，性行为、爱情、婚姻三者是两性关系的三种形式，它们是和人性的三个层次相对应的：性行为是人的生物性；婚姻是人的社会性；爱情是人的精神性。三者之间当然是有密切联系的。这个联系首先就表现在，生物性是一个基础，如果没有性，爱情和婚姻都谈不上，都不可能产生，都没有存在的理由，爱情和婚姻都是建立在性的基础上的，这是它们的一个共同的生理基础。爱情和婚姻之间也应该有密切的联系，尤其在我们现在的文明社会，要求把婚姻建立在爱情的基础之上。

但是，性、爱情、婚姻又是三个不同的东西，所以它们之间既有紧密的联系，又会有冲突。性是肉体生活，遵循的是快乐原则；爱情是精神生活，遵循的是理想原则；婚姻是社会生活，遵循的是现实原则。困难就在于如何把三者统一起来。

尤其是爱情，有了爱情冲突就会更大。按照恩格斯的说法，爱情是两性关系最高形式，在历史上最晚出现。在野蛮时代，大家都不讲爱情，和谁发生性关系都没有关系。自从人们讲爱情之后，麻烦就来了，爱情是要求专一的，可是人的生理机能并没有因此改变，性的指向仍然可能是广泛的，这就有了冲突。婚姻和爱情之间也会发生冲突。如果你不讲爱情的话，那婚姻也很好办，你或者是按照传统的伦理道德维护它，安于结婚生子就可以了。如果没有爱情的追求，婚姻一定是很稳固的，因为标准很实际。如果仅仅是从利益出发，譬如说家族利益，或者经济利益，都比较简单，找个比较门当户对的或比较富的结婚就行了，没有那么多复杂的考虑。但是，你一旦追求爱情，这个爱情和婚姻之间就会发生冲突。

今天我着重讲性与爱情的关系，爱情与婚姻的关系下次再讲。在性与爱情的关系上，最让人头疼的是情和欲的冲突，情和欲的纠缠。首先一个问题是你这个界限怎么划，实际上我们往往很难分清楚，譬如说我对这个异性产生了好感，到底是欲望在支配我呢，还是我对她真有爱情，这个界限怎么划？同样，别人在追求你的时候，你也会产生这个问题，尤其是女孩子，他在追求我，他到底是真的爱我呢，还是其实不爱我，只是想得到我，她一定会有这样一个考虑。所以，我们着重来讨论这个问题：情和欲的界限到底在哪里？

一　理论分析

从理论上来分析，爱情到底是个什么东西？爱情是以性本能、性欲为生理基础的，没有性本能就不可能对异性感兴趣，就谈不上会发展成爱情，所以这是一个前提。有的人说，两个人即使互相没有性的欲望，也可以发生爱情，完全是精神上的爱情，叫作柏拉图式的爱情。其实这种说法我觉得是对柏拉图的误解，柏拉图并没有主张过这种爱情。

柏拉图是古希腊最大的哲学家，也是最早从哲学上去分析爱情的一个哲学家。他有一篇对话叫作《会饮》,在这本书里面,他并没有否认爱情有两个方面：一方面有肉欲的方面，有身体的方面；另一方面有精神的方面。当然，他认为精神方面是更崇高的，爱情的目标应该是从肉欲的爱、身体的爱上升到精神的爱,但是他不否认有肉欲的爱,只是认为不应停留在肉欲的爱。爱情包含性欲,但比性欲多,那多出的部分就是爱情的特殊本质,那是一种精神性的东西。

如果说爱情的第一步是生理需要的话，第二步就是审美情感。从生理需要来说，性欲是指向整个异性世界的，没有特定的对象，在理论上无论哪一个异性都可以满足你的这种需要。可是，实际上你必有选择，你会对某一个或某几个异性特别感兴趣，觉得他或她有魅力。也就是说，他或她使你产生了一种特殊的美感。在这个时候,性吸引就由生理层面进入了心理层面,生理需要上升成了审美情感。这种审美的情感，我觉得是很可贵的。我想我们每一个人在年轻的时候，在青春期的时候，都有过这样的感觉，仿佛突然有一个世界打开了，在你面前出现了一个美妙的异性世界。在那个时候，你会开始注意异性的美，女孩子注意哪个男孩子多么帅，男孩子注意哪个女孩子多么靓，互相开始被吸引，对异性的美非常敏感了。而在这个时候，你的心里面真是会发生一个变化，真觉得世界太美好了，生活太美好了,人生对你充满了诱惑力。正是在性本能开始成熟的时候,会伴随着这种强烈的美感。

对于这种情况，就在我刚才提到的柏拉图的《会饮》中，苏格拉底有一个解释，他说这叫作“在美中孕育”。意思是说，性本能是自然之道，为了传宗接代，但是你不会随便找一个人干这件事，只要办得到，你一定要找一个你看得顺眼的人、你觉得美的人干这件事，你要让这件事具有美感。

当然，这么多的异性，你不会觉得个个都是美人，这个范围已经比性欲的可能对象大大缩小了。不过，你眼中也不会只有一个美人，你看得顺眼、愿意与之干这件事的人完全可能不止一个，这个范围还是比爱情要大，究竟大多少就是因人而异的了。也就是说，某个异性使你产生了美感，对你有了吸引力，这还不等于你已经爱上了他。在多数情况下，由于主客观的限制，你也就是审美一下罢了，未必能走到爱情这一步。但是，我相信审美是必要的一步，在多数情况下，爱情是从审美开始的。如果看着都不顺眼，不“来电”，很难想象以后会爱上那个人。

从审美情感再朝前发展，下一步就到了我称之为道德情感的阶段。我所说的道德情感是广义的，不是指我们通常说的道德品质之类，而是指一种精神上的认同和默契。

在彼此产生好感或者说美感之后，随着了解的加深，双方互相之间，或者一方对另一方，可能觉得这个人不过如此，甚至感到很大的失望，那么感情就不会朝前发展。也可能会热烈一段时间，但因为缺乏精神一致的基础，比如在人生观、价值观上有很大差异，最终仍是分手。能够发展成真正的爱情的，一定是在心灵层面上也相知相爱，就像苏格拉底所说的，从欣赏美的形体上升到了欣赏美的心灵和行为。

用比较严格的标准来衡量，应该说，仅仅停留在爱美的外貌，这还不能算是爱情。两个人看对方的外貌都觉得顺眼，相处久了，却发现话不投机，就迟早有一天会觉得对方看起来也不顺眼。人毕竟是一种精神性的动物，道不同就不相谋，更不必说要在一起生活甚至生活一辈子了。

如果说生理基础导致两性相吸，到了审美情感阶段是两情相悦，那么，到了道德情感阶段，就应该说是两心契合、心心相印了。

从道德情感再前进一步，应该是宗教情感了。两个人到了好得不得了的时候，就感觉好像在一次一次的轮回中一直在互相寻找，现在终于找到了，不但是一见倾心，而且是终生依恋，生生死死永远分不开。爱情到了生死相依这个程度，就真有一点宗教色彩了，就类似于一种宗教情感了，仿佛相信两人之间有一种命定的姻缘一样。按照我的看法，世界上不存在命定的姻缘，谁和谁之间命中注定一定要结合的，没有这样的事。每个人可能会有最适合于他的一定类型的人，这个范围也许很小，但不会只有一个，非某一个人不可。当然，若干最适合于自己的人分散和隐藏在茫茫人海中，从中遇到一个也是难事，遇到了就很自然地会产生命定姻缘的感觉。

用宗教的眼光来看，是要求爱情有一种宗教性的。你看西方的基督教婚姻，结婚时要到教堂里去举行仪式，在上帝面前宣誓，你是不是愿意这个女人做你的妻子，你是不是愿意这个男人做你的丈夫，你宣誓愿意，就意味着对妻子或丈夫永远负责任了。其实中国以前也是这样的，要拜天地，在天地面前确认你们之间的相爱关系。按照任何民族古老的传统，婚姻这件事情是神圣的，不仅仅关系到两个人，还关系到人类最重要的事情，就是人类的延续。当然，这个意义上的宗教性和我上面说的生死相依之情不是一回事。不过，爱情达到了很高的程度，我觉得是应该有一种神圣感的。

从两性相吸的生理需要，到两情相悦的审美情感，再到心心相印的道德情感，最后到生死相依的宗教情感，这是我对爱情本质做的一个理论分析。我自己也觉得这样一个分析不能解决什么实际问题，那么，下面我来谈一谈，在实践中，在现实的生活中，我们到底怎么来区分情和欲。

二　实践中如何识别

情和欲的界限到底怎么划？我喜欢上一个人了，我对他的喜欢到底是不是爱情？有一个人在追求我，他对我到底是不是真爱？有时候这个界限很难分清，会带来很大的烦恼。应该用什么样的尺度去区分呢？当然，我也提供不出一个普遍适用的尺度，我认为不可能有这样的尺度，但是我可以提一些看法，也就是一些参考的依据，从这几个方面，我们可以去判断一下，到底我是不是真爱他，他是不是真爱我，在这种感情里面占主导地位的是欲还是情。

我认为真正的爱情、真爱应该有下面几个特征——

一个是我觉得真正的爱情，它里面应该有一种最重要的激情，就是给予的激情，或者说奉献的激情。这一点听起来好像是道德说教，但是你仔细想想，真正的爱情其实就是这样的。如果你真爱上了一个人的话，你就会遏制不住想为她做些什么，想让她快乐，一定会有这样一种强烈的愿望，而且真是不求回报的。爱在本质上应该是给予，是一种奉献的激情，这种奉献的激情不是出于观念，不是出于伦理道德，不是出于责任，完全是出于感情。如果一个人说爱你，但是光想占有，光想让你付出，他没有给予的激情，我觉得那恐怕就主要是情欲，谈不上是爱情了。

世上有一种人，他可能是永远不会给予的，那是一种自私的人，他跟谁都这样，并不是说他不爱你，他即使特别爱一个人，在他来说算是特别爱了，他仍然是这样。他属于那种不关心别人的人，完全自我中心，你可能会遇到这样的人。如果遇到了这样的人，当然你觉得能够接受，也未尝不可，但是你要有精神准备，承受那结果。我觉得这样的人是缺乏爱的能力，如果你找我出主意，我劝你放弃。这是一种情况。另一种情况是，他是一个比较正常的人，我的意思是不特别自私，他有给予的能力，如果他真爱了，他是愿意给予的，但是他对你却没有这种给予的冲动，他不想为你做什么。如果是这种情况，我觉得就可以判断出来，他是没有真正爱上你，至少爱的程度比较弱。

我觉得两人在相爱中，这种互相给予，互相有这种给予的激情，互相疼，你疼他，他也疼你，这很重要。心疼一个人，这是爱的可靠标志，心疼是感情最自然的流露，是真正发自内心的。在真正的爱情中，必定是互相心疼的。我相信，每个人都是想被人疼的，世界上没有一个人强到这种地步，他不想被人疼。我说过，在这个世界上，人人都是孤儿，你生下来的时候是赤条条来的，是从无中来的，最后又都要回到无中去。当你遭到重大灾难的时候，没有一个父母的怀抱能够保护你，你想天下多少孩子得了绝症，做父母的还不是无可奈何。那么实际上你长大了以后，还不是一样的吗？你长大了以后，你遇到不可抗拒的天灾人祸，谁能保护你呀。所以我就说，实际上人人都是孤独的，人人都是孤儿，人人都是需要有人疼的。那么，在相爱的过程中，我觉得一种正常的关系就应该是你疼他，他也疼你。

如果一个人对另一个人不太疼，我觉得这里面就有问题，可能就是爱得不够。经常有人问这个问题：在两个人相爱的时候，到底爱重要还是被爱重要？譬如说，我跟他交朋友了，我非常爱他，他好像也有一点爱我，但肯定不是太爱，但是我非常爱他，这个时候我就要做个决定了，到底跟不跟他好下去。当然，如果我实在太爱他了，以至于即使他不太爱我，我也宁愿承受，那样我就可能决定继续跟他好。但是，如果是这种情况,我就很怀疑能够好多久。有时候,这是一种不得不做的妥协，如果可以有更多的选择，这种妥协就会结束。我觉得在爱情中，爱与被爱是同样重要的，两个都不能缺。你爱上了一个人，就一定希望对方也同样爱你。没有人光想付出，不想得到，这不是索取回报的问题，索取回报是利益上的计较，而希望相应地被爱是感情上的事,和利益无关。双方的感情不对称,时间久了，其中感情较强的一方必定会感到委屈，其实较弱的一方也不会感到满足。在爱情中，双方满足的程度是取决于较弱一方的感情的，比如说，甲爱乙十分，乙爱甲五分，两人就最多都只能得到五分满足，剩下的五分欠缺，在甲是一种遗憾，在乙是一种苦恼，这里面就潜伏着危机。

另外一点，我觉得真正的爱情应该是持久的，而不是短暂的。如果时间很短暂，只是一时的迷恋，我觉得那可能就只是欲望。你可能一见这个人就“来电”了，但很快就过去了，明天就把他忘记了，那当然还不是爱情。两个人互相之间也可能都来电了，但是呢，在一起待了不长时间，就发现了对方的种种毛病，就相处不下去了，你能说这是一段爱情吗？我觉得不能说。就是说一个爱情它生存的时间，应该有一个最低的限度，这是爱情之所以为爱情的一个质的保证。如果在这个限度之下，时间很短，虽然当时很热烈，但在双方的情感历程中和人生中没有留下比较深的刻痕，那就只能说是一时的迷恋，不能算是爱情。这个道理我想比较简单，就不多说了。

第三点，我觉得真正的爱情应该是专一的，而不是多向的。同时爱几个人，我觉得这不可能，同时对几个人有好感是可能的，但同时爱几个人是不太可能的。这个问题比较复杂，我觉得爱情里面最大的冲突就在这个地方。比如说，我的确很爱她，我最爱她，但是我同时也喜欢别人，这种情况实际上是经常发生的。你爱上了一个人以后，你仍完全可能对别的人产生好感，别人对你仍有吸引力，这是一个事实。所以，在爱情能不能专一这个问题上，我觉得最集中体现了情和欲的冲突。

我们不妨问自己一个问题，就是你的情人也好，你的配偶也好，你们两个是相爱的，但是她（他）在爱你的同时，对别的男人或者女人动情了，你是不是允许。我相信回答基本是否定的，都不会允许的。这说明什么呢？这说明你要求爱情应该是专一的，如果对方不专一的话，你就会觉得她不是真爱你了。

那么我再问你第二个问题，你跟你的爱人，你的情人也好，你的妻子、丈夫也好，你们很相爱，你也确实很爱她，你在很爱她的同时，你能不能保证你不对别的男人、女人动情，你能不能保证？我相信，如果你诚实的话，你的回答也是否定的，你也做不到。

你看这就是人性，一方面不允许对方对别人动情，另一方面自己却又可能对别人动情，矛盾得很，这里面就有冲突了。每一个人实际上都要求对方爱自己是专一的，因为他认为爱情应该是专一的。这确实也有道理，因为如果说她是专一地爱你，但同时也对别人动情的话，那么动情和爱情之间的这个界限到底怎么划？这个界限其实是很模糊的，事实上世界上所有的爱情也都是从动情开始的，你怎么能保证她这个动情不会发展成爱情呢。所以这个时候心里就很没有底了，你就很担心了，因此你就不允许她对别人动情，我觉得这很可理解。在这个意义上，应该说爱情应该是专一的，至少在我们要求对方的时候，我们是把专一看作爱情的本性的，如果对方不专一，我们就会怀疑这是不是爱情。

但是，与此同时，不管你是不是结了婚，不管你是不是有了情人，我想人还是有这种自然倾向的，就是你在和异性接触的时候，你会有和同性接触的时候所不具有的那种愉快的感受，有时候这种愉快的感受还比较强烈，所谓强烈也就是动情了嘛。这个东西是人的自然倾向，这种自然倾向并不会因为你有了情人，或者结了婚，这种倾向就没有了，就停止了。这里面就有一个冲突，性吸引的多向性是一种自然倾向，这种自然倾向使爱情的专一和婚姻的稳定受到了威胁。

我写过一篇文章，题目叫作《花心男女的专一爱情》，我说世界上的男女本质上都是花心的，所谓的花心就是说他看到可爱的异性，他都会喜欢的，这是人的本性。我记得《荷马史诗》里面就描写过一个场面，古希腊最有名的美女海伦，当她在特洛伊的宫廷里面出现的时候，所有在场的男人，不管是国王，还是大臣，全都呆住了，全都激动起来了。我觉得这就是人的本性，一看到美的异性，看到可爱的异性，你那个喜欢，你那个动情，产生一种喜悦的感情，这实在太自然了，完全是一种本性。所以，在这个意义上，男女都是花心的。但是，花心男女仍然可能有专一的爱情，为什么呢？因为人是有两种倾向的，一方面，他会对不同的异性产生好感，但是另一方面，他又要求爱情是专一的，如果对方不专一，他就会感觉受到了伤害。那么，在这种情况下，我是说在两种倾向并存的情况下，你为了得到专一的爱情，就会愿意克制自己那种天生的自然倾向。如果你们的爱情很强烈，双方对这个爱情都很珍惜，那么，这种克制就会是自觉自愿的，不会太勉强。

有人讨论过一个问题，就是多向的性与专一的爱能否两全。一方面有专一的爱情，我们两人互相非常爱，你最爱我，我最爱你，另一方面呢，照顾人的本性，每个人都可以有那种多向的动情，多向的性兴趣，可以有几个性伙伴，你可以跟不同的人发生关系，但是同时我们之间互相是最爱的。能不能做到这一点呢？这个问题，实际上很多哲学家都讨论过，譬如英国哲学家罗素。他认为能做到，他说实际上人有两种本能，一种是爱的本能，一种是嫉妒的本能，爱的本能是更光明的，更正面的，嫉妒本能是比较负面的，所以我们应该为了那个爱的本能去克制我们的嫉妒本能。什么意思呢？就是说实际上你可能对很多异性发生好感，如果你们两人相爱，你对别人发生好感，她就会嫉妒，那么，我们互相都克制我们的嫉妒本能吧，我们互相特别爱，但是我们谁也不要管谁，每人都有自由去跟别的异性进行交往，都可以和别的异性上床。他是这样主张的，他有一本书叫作《婚姻革命》，就是谈这个问题的。但是，这在实践上能不能行得通呢，反正据我所知，罗素自己就离了四次婚，结了五次婚，看来他也没做成功，他也不能做到两个人一贯的专一的互相相爱，同时每个人都自由，他也做不到。这说明什么呢，说明这种嫉妒本能实在是很难克制的。

还有一个例子，就是法国哲学家萨特和女哲学家波伏娃，他们两个没有结婚，但差不多就像结了婚一样，因为他们虽然没有上教堂举行仪式，没有上法院办手续，但是订了协议，两个人要永远生活在一起，永远相爱，同时每个人都有自由，可以有其他的性关系，其他的性伴侣，互相都不能干预。他们有一条规定，互相一定要透明，你有了要告诉我，我有了要告诉你，后来他们也真这样做了，每个人都有自己的情人。结果怎么样呢？结果倒是他们的友谊保持下来了，但是后来两个人就根本谈不上是什么情人关系，不再有性关系，基本上就是两个朋友，尽管如此，也经常为对方的情人的事情吵架。所以我说，实际上很难两全，理论上的设计好像挺美好，如果能做到是挺好的，但实际上做不到。从道理上来说，这确实好像是两个不同的东西，一个是性，一个是爱情，我真正爱你，你真正爱我，这就行了，至于性，你跟别人怎么样，其实对我有什么损害呢？从理论上分析的确没有什么损害，只要我想得通，看得明白，我用一种哲人的态度去对待，就不会有什么损害。但是，实际上为什么行不通呢？我想这里面一定是有理由的，一定是有原因的。

我觉得在这个问题上，我们中国的作家史铁生，他解释得比较好。史铁生有一部长篇小说叫《务虚笔记》，里面有一个主题就是讨论多向的性趣和专一的爱情能不能两全，最后他的结论是不能两全。他提出了一个很有说服力的理由，他说，性实际上是爱侣之间表示爱情的最恰当、最热烈的语言，贞节之所以必要，是为了保护这种语言不被污染，为了不让它丧失示爱的功能。就是说，如果你跟谁都可以上床，都可以这样热烈，这样欲仙欲死，你说你只爱我一个人，我还怎么能相信呢？我们好到了极点，最后也只能用这个语言来表达，那么，你对我的爱与你对她们的这种关系，区别到底在什么地方呢？你已经把这个最恰当、最热烈的语言用掉了，你再用别的语言来解释是怎么也解释不清楚了。

我觉得史铁生的说法特别好。我们可以看一下，在实际生活中，如果发生了这种不专一、多向的情况，发生了一方越轨的情况，被另一方知道了，结果往往不妙，必定会给爱情带来损害。除非你不让对方知道，偷偷地干，现在这好像是一种风尚，很多人都在这样做。但是我想，第一这不保险，往往是在你意想不到的时候就被发现的，迟早会暴露，一旦知道就来个大爆发，多半是这个爱情就完了。其次，即使你保密保得特别好，我觉得既然你是不敢让她知道的，你知道她是不允许的，你在不断地做这个她不允许的事情，那么，当你跟她相处的时候，你实际上是心中有鬼的。我就不知道在这样的情况下，你觉得你仍然很爱她，这是一种什么滋味。这时候你跟她相处时的心情就必定很复杂了，你会对她有负疚感，你会对她有很多躲避的动作，很多封锁的动作，这种东西我觉得肯定会影响两人之间的氛围。

在做了很多努力以后，事情仍然暴露了，那时候，不管你怎么样诚恳地检讨，花言巧语也好，海誓山盟也好，都没有用了，你很难再使她相信你对她的爱是专一的。就算她原谅你了，阴影仍然存在着，很久都难以消除。我原来比较主张开放的婚姻，认为两个人真正相爱，同时每个人都是自由人，互相都不要干预，这是一种最理想的格局。但是，后来我就发现，这个东西行不通，凡是这样做的没有一个不失败的，我没有看到过一个成功的例子。

三　爱情不风流

上面我说了这么多，总的意思是，我觉得爱情和欲望之间那个界限还是应该有的，情欲和爱情是两种不同的东西，而爱情的价值要高于情欲。我写过一篇文章叫作《爱情不风流》，我真觉得爱情不是一件风流的事情，它实际上是两性之间最严肃的一件事情。在爱情这个问题上，实际上只要你是真在爱了，你必然是非常投入的，你的灵魂是在场的。只要你真在爱了，你必定是认真的，你是会很在乎的。如果你不在乎，实际上你一定是不在真爱，你没有真爱上那个人，你只是跟她玩玩，你当然就不在乎了。她跟别人玩玩也没有多大关系，因为你也是跟她玩玩，你可以不在乎。但是，如果两个人互相真是爱了的话，你们互相一定是在乎的，一定是认真的，而且一定是会有失败的危险的，一旦失败了，就一定会受伤的，这种创伤很可能是终生不愈的。所以,这是很严重的事情,不是开玩笑的事儿。风流韵事就是另一回事了，那时候灵魂是不在场的，内心深处是不认真的。我就说它是一种肉体的游戏，最多是一种感情的游戏，你投入得很少，所以退出也就很容易。肉体和感情都会游戏，灵魂是不会游戏的，它一旦在场，事情就严重了，所以爱情是很严肃的事情。

现代人有一种趋势，就是逃避爱情。可能就因为爱情太严肃了，太累了，所以就不要爱情了吧，只要性，不要爱情，这成了现在的一种时髦。最近有一个贺岁片，里面有一句台词大家都知道，就是："在一张床上睡了二十年，真的是有一点审美疲劳。""审美疲劳"这个词现在很流行啊，我觉得，当然你可以说两个人老在一起会有审美疲劳，但是我想按照现在的这种方式，你频繁地更换性伴侣，这种方式其实肯定会产生另一种审美疲劳，你也同样没有新鲜感了。所以我认为，我们还是应该对爱情这件事情抱一种比较严肃的态度。

其实你无论怎样逃避爱情，有一点你是逃避不了的，就是人在两性关系中，他所袒露的不光是自己的身体，而且是自己的灵魂。两个人一旦有了这么亲密的接触，你的灵魂是怎样的，你再掩饰，对方也会看清楚的，你的灵魂是美的还是丑的，是丰富的还是贫乏的，是容易看清楚的。如果说性欲是人的生物性，爱情是人的精神性的话，那么我觉得在两性关系中，人对两性关系的态度，人对异性的态度，最能表现他在从动物性向精神性、从兽性向人性上升的阶梯上，到底处在一个怎样的高度上，处在一个什么样的位置上。我在那篇文章里曾经写到过，我说实际上逃避爱情的代价更大，就像一万部艳情小说不能填补《红楼梦》的残缺一样，一万件风流韵事也不能填补爱情的空白。现在两性之间肉体上的接触的确更容易了，更随便了，但是我觉得彼此在精神上是更陌生了。大家知道，《圣经》旧约里面第一篇写的是亚当和夏娃被驱逐出伊甸园，我就说如果亚当和夏娃互相之间不再有真情，而且不再指望有真情，到了那个时候，他们才是真正被逐出了伊甸园。可悲的是，现在我们离那个时候已经不太远了。

第二讲　谈婚姻

我们经常听到一句话，说婚姻是爱情的坟墓，现在我们一起来讨论一下：婚姻到底是不是爱情的坟墓，我们能不能避免让婚姻成为爱情的坟墓。

前言：婚姻是一个难题

婚姻确实是一个难题。我曾经说过一句话，大意是：性别是大自然的一个最巧妙的发明，但是婚姻却是人类的一个最笨拙的发明，自从发明了婚姻这部机器以后，它老是出毛病，我们为调试它、修理它伤透了脑筋，但是到目前为止，人类智慧还不足于发明出一部更高明的机器，能够足以配得上并对付得了大自然的那个最巧妙的发明。

自古以来，很多聪明人都对婚姻发过很多聪明的议论，说了很多刻薄的俏皮话，事情到了这个地步，好像一个结了婚的男人如果不调侃一下结婚的愚蠢，就不能显示自己的聪明，如果他赞美婚姻的话，就简直是公开暴露自己的愚蠢了。我就看到很多哲人或者是文学家，他们写过很多调侃婚姻的话。譬如说蒙田，虽然那个话不是他自己说的，但他在书里用赞赏的态度引了这句话，这句话说：“美好的婚姻是由视而不见的妻子和充耳不闻的丈夫组成的。”“视而不见的妻子”,妻子装作没看见，没看见什么呢，当然是丈夫的外遇。“充耳不闻的丈夫”，丈夫当作没听见，没听见什么呢，当然是妻子的唠叨话。美好的婚姻原来是这样的。

那么如果睁开了眼睛，张开了耳朵，结果会怎么样呢？西方有一句谚语说：“我们因为不了解而结婚，因为了解而分离。”我们愿意结婚是因为没有看清对方，看清了就离婚了。什么时候结婚合适呢？有人就说年纪轻时还不到时候，年纪大了就已经过了时候，反正没有一个时候是合适的。英国的剧作家、小说家萧伯纳，有人问他对婚姻有什么看法，他说，太太还没有死，对这个问题不能老实回答。那么，那个老实话当然是不能让太太听见的了。我是研究尼采的，尼采也说过一句话，他说：“有一些男人悲叹自己的妻子被人拐走了，大多数男人悲叹自己的妻子没有人肯拐走。”总之，嘲笑婚姻的话很多，婚姻也确实老是出毛病，那么到底婚姻难在什么地方呢？为什么会老出问题呢？

前面我说过，两性关系包含三个因素，一个是性，一个是爱情，一个是婚姻。性追求的是快乐，爱情追求的是理想，婚姻又讲的是现实，这三个东西必定会发生冲突。婚姻的困难就在于要把这三个不同的东西统一起来，这当然是太难的事情。婚姻本来是一种社会制度，它的主要的功能，从历史上来看一个是经济，早期是作为生产的单位，后来包括现在起码还是作为消费的单位吧，一家子过日子嘛，有多少收入，怎么开支，不同的家庭生活水平有高有低。另外一个是生产和教育后一代的单位，传宗接代，主要是这么两个功能。但是现在我们在这两个功能之外，还要加上性的功能，性的快乐主要在婚姻内部解决，还要加上爱情的功能，要很理想。有的人就说了，这样是不是对婚姻的要求过高了，婚姻的负荷过重了。

我想，婚姻有很多问题，最大的冲突就是因为有了爱情的要求，如果不讲爱情的话，婚姻会是很牢固的。譬如说，如果婚姻以传统的伦理道德为基础，根本就不准离婚，两个人一旦结合就是一辈子的事，所谓终身大事，如果那样，婚姻当然会很稳固。如果是以利益为基础，比如在封建社会为了政治利益而结合，王室之间的政治联姻，或者现在有些人因为经济利益而结合，两个人一起办了一个很大的公司，就都很难分开了，婚姻都会比较稳固。但是，一讲爱情，矛盾就来了，如果我们要求婚姻是以爱情为基础的，那么很明显，这个道理就是这样的：如果爱情没有了，婚姻就应该解体。爱情本身又是一个容易变化的东西，它不像利益、不像伦理道德那么稳定，它是一个容易变化的东西。所以爱情一变，如果你还要强调婚姻以爱情为基础的话，那么你没有爱情了，两个人中间只要有一个人爱情转移了，或者爱情消失了，那个时候婚姻自然而然就应该解除，按照道理就应该是这样的。所以，越是强调爱情是婚姻的基础，实际上婚姻就越不稳固。

爱情是婚姻的基础，可是婚姻好像对于保持爱情未必有利，好像是会摧毁这个基础的。婚姻对爱情有什么弊端呢？我觉得有两条。第一，爱情是浪漫的，婚姻却很现实，婚姻就是在一起过日子，日常生活是很琐碎的，往往浪漫不下去了。第二，结了婚以后，我觉得婚姻有一种把两个人捆绑在一起的趋势，两个人老在一起，朝夕相处，时间一久，距离总是这么近，就容易产生厌倦情绪。对这一点我们不能否认，就是所谓的审美疲劳吧。同时，因为太近了，太熟悉了，太习以为常了，也就容易不再珍惜，好像就这么回事了，不像求爱的时候，要争取她，要讨得她的欢心，结了婚好像不需要了。

从第一条来说，从恋爱到结婚，从爱情到婚姻，实际上是从天上到了地上，爱情是在天上，谈恋爱你还在天上飘呢，浪漫得很，有很多幻想，结了婚你就到了地上，就要面对现实了，就必须适应地上的情形了。婚姻中的爱情和恋爱阶段的爱情是有区别的，所以我们要探讨一个问题，就是婚姻中的爱情应该和能够是什么样的，和恋爱时期的浪漫的爱情有什么区别？我觉得弄清了这个问题，你就会调整好自己的心态，原来结了婚以后，爱情是这样的，这也是爱情，不可能老是那种浪漫的形态，这样你对你的婚姻状况、爱情状况就会有一个比较准确的估计。从第二条来说，从恋爱到结婚，实际上是从城外到城内，钱锺书先生说的那个围城，婚姻是个围城，结了婚你进了围城了，从城外到了城内了，那样你就要注意城内确实有很多弊病，你要克服城内的弊病，如果不克服城内的弊病，围城真的会成为坟墓，所以你要留心怎么样使婚姻不成为爱情的坟墓，给爱情继续生长的空间。下面我们来讨论这两个问题。

一　婚姻中的爱情应该和能够是怎样的

第一个问题，婚姻中的爱情应该和能够是什么样的？

首先肯定一点，那种浪漫的爱情是不可能持久的。所谓浪漫的爱情，表现的形式就是一见钟情，销魂断肠，如痴如醉，难解难分，像那样一种状态，可能持久吗？我觉得不可能，不结婚也一样，也持久不了，所以你这个不能怪结婚，怪婚姻。因为这样一种感情，它是依赖于两个人之间的一种陌生感、新鲜感，有陌生感、新鲜感才有这样一种强烈的激情，依赖于某种奇遇，两个人在某种特殊情况下的相遇，有那样一种特别的气氛，特别的情趣，甚至依赖于某种犯禁的快乐，红杏出墙，两个人之间的秘密，这种东西很有刺激性，有一种犯禁的自由感和快感。浪漫的爱情通常存在在婚姻之前和婚姻之外，譬如说未婚男女的初恋，很年轻的时候的那种恋爱，或者成年男女的婚外恋，都会有这样的激情。从结婚来说，我想这种浪漫的恋情最多还存在在结婚的初期,随着婚龄增长,激情必然会递减，这个热情必然下降了，不可能长久。这个责任不在婚姻，因为这种感情本身它的性质就决定了它是不可能持久的，时间久了，奇遇必然会归于平凡,陌生必然会变成熟悉,新鲜感必然会消退。所以,这样来考虑,这种浪漫式的爱情就不可能成为婚姻的基础，如果婚姻是建立在这样的基础上，那就是等于是建立在沙滩上，建立在激流上面，婚姻怎么可能牢固呢？是不可能的。

所以，我们必须换一个思路，为婚姻寻找另外一种爱情形态，一种比较稳定的爱情，作为它的基础，这样的话，我觉得我们对爱情的理解就应该放宽，不能仅仅局限在那种浪漫恋，浪漫式的爱情，只承认那一种形态，应该承认还有别的形态，爱情落到地上后的形态。英国作家斯威夫特说过一句话，他说：天堂里面有什么，我们不知道，没有什么，我们知道得很清楚，就是没有婚姻。婚姻这个东西太不浪漫了，天堂里没有它的位置。针对他这句话，我也说过一句话，我说：好的婚姻是人间，坏的婚姻是地狱，不要想到婚姻中去寻找天堂；不过呢，人终究是要生活在人间的，而人间也自有人间的乐趣，为天堂所不具有的。

那么，我考虑这种能够作为婚姻的基础的爱情，它叫什么样的爱情呢？我把它和浪漫式的爱情相区分，称它为亲情式的爱情。一般来说，如果一个浪漫式的爱情它的质量是高的，它应该也必然会转入两个人一种持久的结合，你们结婚也罢，不结婚也罢，反正你们是生活在一起了，成了一家人了，这是一种自然的趋向。浪漫式的爱情如果它要持久下去的话，我觉得它必然会转化成这种亲情式的爱情，就是说，爱情里面的那种浪漫因素必然会降低，会退居次要地位，也许还有浪漫的时候，但是它已经不重要了，不是主要的东西了。那么那时候如果两个人感情还是非常好的话，这种感情里面主要的因素是什么呢？我觉得主要的是一种互相的理解，一种信任感，两个人在行为方式上的默契，不用多说话，就知道对方在想什么，为什么要这样做。两人之间有一种命运与共的踏实感，今生今世我们是不会分开的了，无论遇到什么事我们都将共同担当。一旦离别的话，彼此会有一种深切的惦念。像这样一种东西，实际上就很像是一种亲情了，两人仿佛有血缘关系似的，仿佛从来就是一家人。实际上这种感情当然不是由血缘关系产生的，而是由性爱发展来的，所以仍然是爱情，我就把它称为亲情式的爱情。我认为，一个婚姻如果以这样的感情为基础，就不但是牢靠的，而且也是高质量的。

当然，我不否认两个人之间即使有了这样深厚的感情，有了这种亲情式的爱情，以后仍有可能发生变化，因为世界上充满了诱惑，我们都是红尘里面的人，难免会受到诱惑。但是我想，在这种时候，我们应该慎重，应该考虑两点。第一点，你能保证你的这一次新的浪漫爱情，它一定比你现在得到的爱情有更加高的质量吗，是一个更好的爱情吗，这一点我觉得很难保证，有可能会较差一点，可是只要你去试，现在这个婚姻很可能就解体了，这样的教训太多了。第二点，你要考虑即使你又遇到了一次很好的浪漫恋，最后你跟她结合了以后，那个浪漫恋，那个浪漫式的爱情，迟早还是要转化成亲情式的爱情，它不可能永远浪漫下去的，这个规律你是逃不脱的。那么，我相信，如果认清了婚姻应该也必然要以亲情式的爱情为基础，把这个道理想明白了，我们对自身婚姻现状的评价就会客观一些，面临抉择时也会慎重得多。

关于这一点，我曾经写过这样一段话，我说："喜新厌旧乃人之常情，但人情还有更深邃的一面，便是恋故怀旧。一个人不可能永远年轻，终有一天会发现，人生最值得珍惜的乃是那种历尽沧桑始终不渝的伴侣之情。在持久和谐的婚姻生活中，两个人的生命已经你中有我，我中有你，血肉相连一般地生长在一起了。共同拥有的无数细小珍贵的回忆犹如一份无价之宝，一份仅仅属于他们两人无法转让他人也无法传之子孙的奇特财产。说到底，你和谁共有这一份财产，你也就和谁共有了今生今世的命运。与这种相依为命的伴侣之情相比，最浪漫的风流韵事也只成了过眼烟云。"我还说过："大千世界里，许多浪漫之情产生了，又消失了。可是，其中有一些幸运地活了下来，成熟了，变成了无比踏实的亲情。好的婚姻使爱情走向成熟,而成熟的爱情是更有分量的。当我们把一个异性唤作恋人时，是我们的激情在呼唤。当我们把一个异性唤作亲人时，却是我们的全部人生经历在呼唤。”这些话确实都是我的切身体会。

二　怎样避免婚姻成为爱情的坟墓

上面说的是第一个问题，就是要认清婚姻中的爱情是怎样的，要有一个正确的定位。这样的话，你就不会在结了婚以后，因为觉得不浪漫就对婚姻失望，因为这个原因就离婚了。不过，单有这个认识还不够，为了在婚后保持爱情的长久，还需要在行动上处理好一些关系。下面我讲第二个问题，就是怎样避免使婚姻变成爱情的坟墓。我想提出三点。

第一点，用我的话说就是亲密有间。我们经常说亲密无间，两个人只要一亲密,感情特别好,就没有距离了,我觉得这不对。两个人再亲密，仍然要有距离。没有距离，所谓零距离，这在任何情况下都不可取。人与人之间永远应该有必要的距离，这是任何人际关系的一个原则，在婚姻中也不例外。我说的必要的距离，根本上就是指，在结了婚以后，两个人都还是独立的个人，都要把对方看成是这样一个独立的个人，要把对方当成这样一个独立的个人来尊重,尊重他的人格,尊重他的个人自由。其实这个道理很简单，即使结了婚，两个人仍然是两个不同的个体，不可能变成一个人。可是在这一点上，人们常常发生误解，以为结了婚就是一体了，就要什么都一致了，结果纠纷不断。所以我主张亲密有间，亲密，就是把家庭当作一个亲密生活的共同体，有间，就是让家庭成为一个个性自由发展的空间。

做到了这一点，我觉得也就为爱情的继续生长提供了空间。好的爱情是以两个人的独特个性为前提的，两个人都有了个性自由发展的空间，爱情的继续生长才有空间。有互相尊重和信任的气氛，在这样一种氛围中，爱情才不会被扭曲。如果没有距离，互相都不给自由，什么都要一致，表面上看来两人好得很，实际上这是互相最不信任的一种氛围。孔子说过一句话："唯女子与小人为难养也，近之则不孙，远之则怨。"什么意思呢？他是说只有女人和小人最难对付，你离他们近了，他们就对你无礼，你离他们远了，他们就恨你。这个话当然对女人很不公平，其实所有的人，不管是女人还是男人，"近之则不孙"是一个规律，太近无君子，谁都会被惯成或者逼成小人。所以我就说，在婚姻中间，在结了婚以后，教养、分寸感同样不可缺少，不是说结了婚就不需要了，互相之间可以肆无忌惮了，不必有什么顾忌了。如果是这样，最后必定以散伙了结。

这同时也是一个保持审美距离的问题。尼采说过一句话，意思是结了婚以后，两个人距离太近，就好像老是用手触摸一幅精致的铜版画，触摸久了，最后就只剩下了一张脏纸。两人之间的爱情本来是无价之宝，因为距离太近，最后成了一张毫无价值的脏纸，它的价值被毁掉了。有人说过一句笑话：什么叫夫妻，夫妻就是两个人可以互相当着面抠脚丫的人。就是说无所谓了，都用不着注意自己的形象了，距离太近，这个东西是最破坏美感的。

距离不但是产生美感的前提，而且也能够使爱情保持活力。你说什么是爱情，爱情无非是两个人之间的一种吸引，互相之间的欣赏和追求，所以结了婚以后，爱情虽然改变了形态，它不是浪漫式的爱情了，它是亲情式的爱情了，但只要是爱情，它仍然需要互相之间有这样一种心情，就是要互相吸引，追求，欣赏，要互相能够玩味。如果在一起觉得没有意思，没有什么可玩味的，都熟悉透了，没什么可多想的了，就是过日子罢了，这样一种状态就不是爱情了，当然也不是亲情式的爱情了。所以我说爱情是永远不会大功告成的，它永远是有危险的，在这一点上一定要清醒。互相永远要把对方看成是独立的个人，是需要不断去追求的一个对象，没有人可以一劳永逸地得到另一个人，占有另一个人。只要他优秀，如果你自以为已经一劳永逸地得到了他，不再追求他，觉得无所谓了，对他不再尊重和欣赏，有一天他可能就飞走了。也可能两个人都觉得没有意思，那么最后也是散伙，或者就一起被这个没有意思的婚姻生活改造成平庸之辈。所以我认为，一个好的婚姻应该始终使爱情保持未完成的时态，两人心里都要明白，爱情并没有完成，它还需要继续生长，每人都要继续把对方当作独立的个人予以尊重，都要继续用行动获取对方的欢心，越是这样，爱情和婚姻实际上就更牢固。

那么，怎么样才能保持距离呢？套用西方政治学的术语，我觉得两个人应该有一个共同认定的私人领域，就是互相不干涉的领域。这个互不干涉的领域呢，首先是每个人的精神生活，比如每个人可以有自己的独处，我想自己待一会儿，想一些事情，你就别干扰我。不要一旦他要独处了，你就觉得他是在躲避你，冷落你，对你有意见。不是这回事，独处是每一个有内心生活的人的需要。又比如要有写私人日记的权利，我写的日记我可以不给你看，我可以有自己的小秘密，这一点是很重要的。我和我太太写的日记，我们互相都不看，也不要求看。托尔斯泰在这方面就比较惨，其实他跟索菲娅的爱情一开始是很美好的，结了婚以后，索菲娅就老是要看他的日记。托尔斯泰是一个对自己绝对诚实的人，他没有任何忌讳，有什么想法都如实写下来，他想的往往是灵魂生活的大问题，可是看了他的日记以后，索菲娅老是往自己身上联系，疑心哪些话是针对自己的，然后跟他吵架。托尔斯泰为此痛苦万分，他觉得自己不是原来的那个我了，自己在精神上变得平庸了，因为在写日记时总想着另一双眼睛会看到，他人的注视败坏了他面对自己的纯净心情。最后没有办法，他写了两份日记，一份是可以给他太太看的，一份是不能看的，没有地方藏，就藏在自己的靴子里面，结果还是被他太太翻了出来，又大吵一架。最后老年托尔斯泰离家出走，死在一个小车站上，这是很重要的一个原因。

另外一个就是在个人交往方面不要互相干涉，我们两人可能有一些共同的朋友，但是我们每个人也可以交不同的朋友，也许我的有些朋友你不太喜欢，但是你不要干预，因为毕竟我们是两个独立的个人，在对朋友的选择上也可能会有差别，这是很正常的。这一点也适用于交异性朋友，我可以有我的红颜知己，你可以有你的须眉哥们，只要是在规则允许的范围内，互相都不要干预。当然应该是有规则的，譬如说，不能养小秘，不能包二奶，因为这样做违背了婚姻应该遵循的一般规则。作为一种社会组织，婚姻是要讲规则的，是在规则下的自由，没有规则，婚姻就不可能存在和维持。

世界上不存在确保婚姻绝对安全、万无一失的办法，在所有的办法里面，捆绑是最糟糕的办法，结果无非是两种可能，或者是维持一个缺乏生机的平庸的婚姻，或者是一方或者双方不甘平庸而破裂，无非就是这两种结果。比较起来，宽松的做法虽然也有危险，但在总体上可以使婚姻更加稳固，并且很可能是高质量的稳固。

这里我还想谈一个问题，就是夫妻之间应该不应该有隐私。在一个文明社会里，是应该尊重人的隐私权的，那么在婚姻里面，在一个家庭里面，两个人要不要互相尊重对方的隐私权？

我的看法是，一方面，婚姻内应该有隐私，就是说，应该尊重对方的隐私权，另一方面呢，又不应该有隐私，就是说事实上的隐私不应该有太多。我觉得隐私它有一个特点，它是愿意向尊重它的人公开的。人其实不愿意把许多东西压在心里边，你越是尊重他的隐私权,有一种信任的氛围,他反而越是愿意公开，因此事实上的隐私就越少，事情必然是这样的。相反，你不允许有隐私，你不尊重隐私权，要求绝对诚实，这样最容易酿成不信任的氛围，甚至逼对方欺骗，逼出谎言来。我有一个朋友曾经就是这样，他的太太对他太不放心了，无论他上哪里，都要盘问,然后往那个地方打电话。譬如说他到我家来,回家以后,他太太必然会打电话来问，他来了没有，什么时候走的。这样做的结果怎么样呢,结果是他觉得家里太不自由了,就更加逆反，更加不守规则，靠谎言维持表面的平静。

所以我想，一个家庭里面应该有基本的诚实和透明度，但是在这个前提下，还应该尊重对方的隐私权。如果两个人真好的话，你们要在一起生活一辈子的话，在这么长的时间里面，各人怎么可能又怎么应该没有自己的一点小秘密呢，这是既不可能也不应该的。互相尊重隐私权，这一方面是基于爱和信任，另一方面是基于对人性弱点的理解和宽容。一个人羞于去盘问自己所爱的人，去追问他那些难以启齿的小秘密，我觉得这是一个人在爱情中的自尊和教养。他不愿意说你就不要去追问了，尤其是跟你谈恋爱以前的那些事情，人家不说，你就不要去问他，你干吗要问呢，那些事情实际上和你没关系，当然他自己愿意说就是另一回事了。对婚后的事情也是如此，反正不要盘问，如果他爱你，你就用不着问个水落石出，如果他不爱你了，问个水落石出也无济于事。

这是第一点，就是要亲密有间，要有距离。第二点，在有距离的前提下，则要珍惜，有距离而不珍惜，结果会很糟糕。互相都给对方自由，但是都不要滥用这个自由，也就是都要能够自律。我觉得一个好的伴侣关系，应该是以信任之心不限制对方的自由，同时又因珍惜之心不滥用自己的自由，这是一种最好的关系。大千世界，诱惑始终是存在的，爱情发生变化的可能性始终是存在的，我们不能因为这个情况就不给距离了，就不给自由了，不能因为有诱惑、有变化的可能就严加防范，我觉得这是不应该的，也是没有用的，你再防范也没有用，也许越防范越容易出问题。但是，我们也不应该为爱情的变化创造条件，因为反正有诱惑，就干脆迎着诱惑上，这不是存心把你们的爱情朝绝路上推吗?

我说过，我们都是红尘中人，受诱惑是难免的，但是一个人对自己所面临的到底是不可抵御的更强烈的爱情，还是一般的风流韵事，心里面应该是清楚的。如果是一般的风流韵事，而你又很看重你现在的婚姻和爱情，那么我就请你三思而不要行了，就不要朝前走了，还是就止步为好。这样做也许是一种损失，毕竟你少了一种体验，少了一次体验机会，这当然也是一种损失，但是，你因此避免了更加惨重的损失，你很满意的现在的这个婚姻，很可能因为你的风流韵事就崩溃了，这是不值得的。当然,如果你确信你遇到的是一次更强烈更美好的爱情，我就没有必要说什么了，因为说了也没用，那个东西是不可抵御的。

关于珍惜的问题，我来念一段我写过的话，我觉得它比较恰当地表达了我的意思。我说:“爱情是人生的珍宝，当我们用婚姻这只船运载爱情的珍宝时，我们的使命是尽量绕开暗礁，躲开风浪，安全到达目的地。谁若故意迎着风浪上，固然可以获得冒险的乐趣，但也说明了他对船中的珍宝并不爱惜。好姻缘是要靠珍惜之心来保护的，珍惜便是缘，缘在珍惜中，珍惜之心亡则缘尽。”

在两性之间，发生肉体关系是容易的，发生爱情就很难，最难的是使一个好婚姻经受住岁月的考验。我觉得如果两个人之间产生了非常美好的爱情，每人都觉得遇到了自己真正的另一半，这是人生的莫大幸运。如果你们因此结合了，然后能够把爱情基础这么好的一个婚姻长久保持下去，这就不是幸运的问题了，可以毫不夸大地把这称作人生的伟大成就，是值得大大地庆贺的。

保持距离，给自由，而且以珍惜之心不滥用自由，这够不够呢？我觉得还不够。万一出了问题，怎么办？我要再加上一点，就是第三点：宽容。即使做到了前面两条，人毕竟是人，难免会有软弱的时候，犯蒙的时候，也就是偶然出轨的时候，这个时候我觉得应该宽容。这实际上也是珍惜的一种表现，你真的珍惜你们这个好的婚姻，就不能因为出了一点问题，你就不要这个婚姻了，你仍然应该保护它。有一种看法认为，这是决不能允许的，一旦发生了就绝不能原谅。他们认为，真正好的爱情必须是绝对忠诚，不准犯规，否则就是亵渎了纯洁的爱情和神圣的婚姻。我觉得这种看法太幼稚了，只要你有了一点阅历，你就知道它多么幼稚。绝对符合定义的完美的爱情仅仅存在于童话中，现实生活中的爱情不免有这样那样的遗憾，但它恰恰是活生生的男人和活生生的女人之间的活生生的爱情。爱情史上有一些忠贞的典范被传为佳话，但往往被证实与事实有出入。例如马克思和燕妮的爱情，我们年轻时一直当作样板，可是后来有一个资料说，马克思和家里的保姆生了一个私生子，我读到后当然有些意外，但我并不因此认为马克思和燕妮的爱情不真实、不美好了，仍然是真实的、美好的。我相信燕妮对这件事不可能不知道，她一定知道并且原谅了马克思，从而保护了他们的爱情。

所以，我主张，如果对方偶尔越轨，最好本着对人性的理解予以原谅，以避免不该发生的破裂。当然啦，不要故意去犯规，反正你会原谅我的，我就去犯规，很可能她不原谅你呢，你没有犯规的时候，你是不知道她肯不肯原谅的，千万不要存侥幸之心。但是我说，万一真的发生了犯规，我希望一方一定要改，另一方则予以原谅。如果你们的爱情和婚姻确实是不错的，你就应该原谅他。犯规和惩罚是一切游戏的要素，爱情游戏也是这样，不准犯规，或者犯了规不接受惩罚，任何游戏都进行不下去了。当然惩罚应该是限度的，别太过分了，跪跪搓板就可以了。你不要报复，你说你犯规了我也去犯规一下，这样的话，冤冤相报就没有完了，最后必然散伙。你看好了，只要你报复，这个婚姻肯定就保持不下去了，这种例子太多了。

在出现过犯规现象以后，你说婚姻的质量怎么样，是不是就很差了呢，我说不见得，它仍然可能是很好的，如果它原来确实是好的，我觉得现在它仍然还是好的。关于这一点，尼采也说过一句话，他说，对一个好婚姻的考验，就是它容忍了一个例外，一个婚姻的质量因此而经受了考验。那种容忍不了例外，犯了一次规就要崩溃的婚姻，也许说明它本来质量就不高。你要从这个思路去考虑，你就会去维护它了。当然了，犯规应该是偶然的，如果经常犯规，成了常规，我想再宽容的人也无法相信爱情是真实存在的了，或者就有理由怀疑这个经常犯规的风流成性的哥儿姐儿是不是具备做一个伴侣的能力了。

第三讲　谈女性

一　女性——一个众说纷纭的话题

大家好，我今天的讲座是谈女性这个话题。我的出发点是：理解女性，两性应该互相理解。当然，作为一个男人，我难免也会有偏见。我想主要有三类偏见。一是社会偏见，这是在长期的男权社会里形成的。二是因个人经验形成的偏见，比如自幼从母亲身上得到的印象，又比如自己的恋爱经验。还有一个就是性别视角，男性视角决定了看女性一定不会完全客观。我想我不可能避免所有这些偏见。尼采认为，每个男人都是从母亲身上获得女人图像的，由此决定对女性是敬慕、蔑视还是无所谓。叔本华和拜伦倒是可以证明尼采的论点，这两人都是因为与母亲处不好而蔑视女性的。不过，我认为尼采说的只是局部情况，不能概括全部。我的看法是，对异性的评价，在接触前最容易受幻想支配，在接触后最易受遭遇支配。我想我只能尽量克服社会偏见，克服个人经验的偏见就比较难，摆脱性别眼光则是完全不可能了。在两性关系中，男人也是“当局者迷”，不是一个旁观者，也不可能做一个旁观者。摆脱性别眼光，做到纯“客观”，作为一个中性人看女人，女人会是什么样子的呢？反正我不知道。我是一个男性，我承认我不可能作为一个中性人来看女人，想象不出用中性眼光看女人是一种什么情况。不过，我觉得这没有什么不好。女人应该怎样？怎样才是好女人？对于这样的问题，女人听一听男人的看法，我觉得没有什么不好。如果多数男人喜欢女人身上的某种特质，或者不喜欢某种类型的女人，我想其中必有一些道理。

历来男性对女性是有相反的评价的。在各民族的神话、宗教传说、文学作品中，女性往往既是被讴歌的对象，是美、爱情、丰饶的象征，也是被诅咒的对象，是诱惑、罪恶、堕落的象征。女人有时候被神化，有时候又被妖化，总之有蔑视和崇拜这样两个极端。

蔑视女性的人认为，女人是灾祸。大家知道，在《荷马史诗》中，在希腊神话中，描写了一场长达十年的战争，就是著名的特洛伊战争，这场战争是由一个女人引起的，海伦私奔了，为了争夺这个美女，打得不可开交。希腊神话里还说，宙斯把女人潘多拉赐给男人，是为了惩罚男人，为了把灾祸降到男人头上。希腊神话有一个英雄叫伊阿宋，他曾经表示，最好人类有别的方法生孩子，这样男人就不需要女人了，就可以摆脱女人了。有一个叫希波纳克斯的古希腊诗人，他留下了一首诗，意思是说，女人只能带给男人两天快活："第一天是娶她时，第二天是葬她时。"我们的老祖宗也把女人说成祸水，许多朝代之所以亡国，似乎都是女人造成的，比如殷纣王、唐明皇。在后来的历史时代中，也出现过一些著名的女性蔑视者，包括在哲学家里，比如叔本华、尼采。尼采有一句著名的话："你去女人那里吗，别忘了带着鞭子。"不过事实上尼采对女性的态度是比较复杂的，我在这里就不讲了。

当然，历史上也有一些男人是女性的崇拜者，比如德国的歌德、我们中国的老子。其实，在许多诗歌中，女人是歌颂的主要对象。我承认我是崇拜女性的，我眼中的女性是非常美好的。我看两性之间关系的立足点是：承认两性之间的差异，认为两性的差异是互补的，在这个前提下，强调女性特质在现代更有价值。

二　两性互补是大自然的巧妙安排

对两性差异的认识，我最反对两种偏见。第一种偏见是，主张男女社会平等，这本来是对的，但走过头了，得出了抹杀男女之间生理差异和心理差异的结论。西方早期的女权主义者，还有现在的极端女权主义者，他们就是这样的，往往强调男女之间没有也不应该有任何不同。在我们中国，这种看法也曾经占上风。所谓“时代不同了，男女都一样”，如果这句话指的是社会地位平等，当然没有错，但是，实际的情况是，往往要求男女在工作种类和强度上都一样，男人能够干的，女人也能够干。我记得以前农村里常常组织“铁姑娘队”，女孩子争挑和男人一样的重担，这是违背女性体质特点的。还有在服装上也要一致，城市里女人不准抹口红穿高跟鞋，更不用说穿现在流行的吊带衫迷你裙了，女人必须打扮得跟男人一样，性感、性特征成了不道德的、可耻的东西。

我曾经说过，在“女人”身上只见“女”，把她们看作性的载体，不见“人”，否认她们具有平等的人格，这当然是男权主义的偏见。可是，由此产生逆反，在女人身上只见“人”，不见“女”，否认女性作为性别的存在和价值，实质上也是男权主义的变种，是男权统治下女性自卑的极端形式。真实的女人应该既是“人”，又是“女”，是人的存在和性别存在的统一。

另一种偏见是承认两性差异，但非要彼此争个高低不可。我特别反感男人和女人互相攻击，男人说你们女人怎么不行，女人说你们男人怎么不好。德国有一个女精神分析学家叫莎乐美，她是尼采的女友，尼采曾经疯狂地爱上了她，她没有接受尼采的求爱。她的确是一个很聪明很有魅力的女子，但是，她有一个说法我很不赞同，她说：精子的形状是一个箭，卵子的形状是圆圈，这证明了男人是好斗而外向，女人是温和而内向的。她还说：在性生活中，女人的快感弥漫于全身心，是全身心的投入，男人的快感仅仅集中于性器官，这证明女人的整体性能力要高于男人。那么，我就要问她：精子的形状也很像一条轻盈的鱼，卵子的形状也像一只迟钝的水母，这是否意味着男人比女人活泼可爱呢？我还要问她：在性生活中，男人射出，女人接受，这是否意味着女人是一个被动的性别呢？当然不能这么说。

这是来自女人方面的说法，有意思的是，在男人方面也有类似的说法。德国哲学家叔本华就站在男人立场上做过相反的譬喻，他说：男人几天就产生数亿个精子，女人一个月才产生一个卵子，这说明一个男人应该娶多个妻子，一个女人则应该忠于一个丈夫。对于这种说法，我也可以问他：在一次幸运的性交中，上亿精子里只有一个被卵子接受，其余的全被淘汰，这是否意味着男人在数量上过于泛滥，因此应该由女人加以筛选，淘汰掉大多数男人呢？当然也不能这么说。我想道理很清楚，性生理现象的类比不能成为性别褒贬的论据，因为你可以选择不同的性生理现象来做类比，从而得出完全相反的结论。

所以，我认为，否认两性在生理心理上的差异是愚蠢的，争两性的优劣高低则是无聊的。正确的做法应该是把两性差异本身当作价值，用它来增进共同的幸福。其实你想一想，两性的差异是大自然的多么奇妙的发明，它给人类带来了多少快乐，当然也带来了许多痛苦，但人类的生活因此才丰富多彩。不管人们怎么争论两性的优劣，有一个最基本的事实是，自从有人类以来，两性就始终在互相吸引和寻找，不可遏止地要结合为一体。

关于这一点，柏拉图的《会饮》中有一个很好的说法。他说，在很早的时候，人都是双性人，身体像一只圆球，一半是男一半是女，后来被从中间劈开了，所以每个人都竭力要找回自己的另一半，以重归于完整。这当然是一个寓言，我从这个寓言中读出的第一层寓意是：两性特质孤立起来都是缺点，结合起来才成为优点，大自然本来就规定两性之间是要互补的。

当我谈论两性特质的时候，可能有人就会问我，什么是两性特质。的确有人跟我争论过，他们说，根本不存在所谓的女性特质和男性特质，比如说，你说感性是一种女性特质，理性是一种男性特质，可是世界上根本就不存在纯粹感性的女人，也根本就不存在纯粹理性的男人。这个说法当然是有道理的。我也认为，所谓的男性特质和女性特质，这个区分完全是相对的。生理特质比较好说，因为两性之间生理上的差异十分清楚，是可以做出科学界定的。至于说心理上的差异，性格倾向上的差异，比如说男人刚强，女人柔弱，还有智力品质上的差异，比如说男人长于理性，女人长于感性，如果这些差异存在，与生理上的差异有怎样的关系，我们很难做出科学的论证。不过，我认为，根据经验和观察，根据大多数男女的表现，我们还是可以承认这些差异是存在的，还是可以做这种相对的区分的。

其实，柏拉图的寓言也已经包含了这个意思，就是说，两性特质的区分仅仅是相对的，从本原上来说是并存于每个人身上的。这正是我从他的寓言中读出的第二层寓意。正因为如此，一个人身上越是蕴含着异性的特质，在人性上就越是丰富和完整。我们在历史上可以找到许多这样的例子，那些优秀的男女往往集两性的优点于一身，既有自己性别的鲜明特质，又巧妙地揉进了另一性别的优点，在一定意义上可以说是雌雄同体的。比如说，一个优秀的女子在柔美中有一种内在的刚强，一个优秀的男子在力量中显现一种内在的优雅。如果没有另一方面的特质，你就会觉得这个人有缺憾，比如说，男人只刚不柔，你会觉得他生硬或粗暴，女人只柔不刚，你会觉得她软弱。

我想强调一点：优秀的男女应该具备另一性别的优点，但是绝不可丢掉自己性别的优点。在实际生活中，我们往往更喜欢性别特征鲜明的异性，不喜欢性别特征似乎错位的异性，这不是没有道理的。比如说，假如一个女人只刚不柔，我们会觉得她“爷们气”，一个男人只柔不刚，我们会觉得他“娘们气”，在一般情况下，这些情况都会让我们反感。又比如说，一个女人直觉迟钝，一个男人逻辑思维混乱，我们都会觉得是智力的缺陷。这说明我们对于两性特质是有一个基本的概念和评价的，我不认为这是偏见，毋宁说这是我们的本能在发言。因此，如果说优秀的男女是雌雄同体的，那么，前提应该是保持本性别的优点，在这个前提下，异性特质才会给你加分而不是减分。

三　女性的美好特质

我说过我是一个女性崇拜者，我是非常欣赏女性身上的优点的。那么，在我看来，女性身上有些什么优点呢？我最欣赏的女性特质是什么呢？柏拉图把人的精神特质分为三个层次，就是智力、意志和情感。按照这个划分，我用三个词概括女性的优点，在智力的品质上是感性，在意志的品质上是弹性，在情感的品质上是人性。有的人会问，你说的这些优点是属于女性的吗，会不会是社会造成的。我不去管这个问题，不去管这些特质是女性的生理特征造成的，还是社会造成的，反正我觉得这些特质在女性身上比较突出，女性比男性更加具备这些特质，而这些特质的确是优点，在我们的人生中和社会中是起好的作用的。

首先，在智力上，女性长于感性，直觉比较好。许多哲学家都指出过这一点，我们凭自己的经验也可以感受到这一点。比如说，女人在思想方式上偏于形象和具体，不喜欢抽象和逻辑。女人容易受感情支配，往往凭借对人的印象来处理相关的事情。女人比男人更相信梦，更重视梦，她做了一个梦，就会跟你认真地谈论梦中的情境，就会觉得那里面有什么预兆。女人也比较容易受暗示，受某种气氛的感染，这在气功、摇滚的场合都可以看到。

对于这些现象，人们也许会有相反的评价。有的人正是因为这些现象而看不起女人的，比如叔本华，他就因此讥笑女人是一个永远不成熟的性别，女人的精神发育介于男性成人和小孩之间。我的看法正好相反，我认为，在人的智力品质中，感性是比理性更根本、更宝贵的，因为感性是基础，基础不好，别的都是空的。一个人有丰富的感性和直觉，逻辑思维差一些，另一个人很会逻辑推理，但直觉差，两个人谁更智慧，我认为答案应该是清楚的。反正我特别喜欢和那种直觉好的女人相处，觉得受益无穷，是莫大的享受。

在历史上，女人的感性对于文化有过重大贡献。在古希腊，神谕都是从女人口中说出的，只有女人才能充当神和人之间的媒介，这是古人相信女人的直觉的确凿证据。许多天才人物，尤其是艺术上的天才，他们在自己的成长历程中，在自己的创作生涯中，都受过女性的熏陶，我们都可以发现在他们的生活中有过一个或几个极有灵性的女人，这些女人给了他们很大影响，如果没有这种影响，他们很可能成不了天才。现代文化有一个危机，叫作本质主义，就是把丰富的现象抽象成了空洞的、其实并不存在的某种本质，现在大家都拼命想摆脱这个危机，我觉得其实女性就是反对本质主义的伟大力量，因为她们是最贴近现象的。人类应该不断地回到女性，回到感性，重新校正文化的方向。

其次，在意志的品质上，在性格的一般倾向上，女性偏于柔弱。但是，柔弱不等于软弱。有人说过这样一句俏皮话：“当女人的美眸被泪水蒙住时，看不清楚的是男人。”还有人说：“女人在用软弱武装自己时最强大。”中国的老子也说：“牝常以静胜牡”，“柔弱胜刚强”。意思是说女性因为宁静、柔弱而胜过躁动、刚强的男性。所以，女人实际上是柔中寓刚，具有一种化作温柔的力量，我喜欢用一个词来形容女性的这种特质，叫作弹性。女性的这种特质在生物学上是有根据的，我们确实看到，女人的生命力更具韧性，比男人更能适应各种环境包括艰苦的环境，更经得住灾难的打击，女人的平均寿命事实上也高于男性。

在实际生活中，女人的弹性能够发生很好的作用。比如说，女人善于妥协，同时在妥协中巧妙地坚持，善于营造轻松的氛围，并且在轻松中解决争端，这就使得她们很适合于从事外交、公关、媒体等领域的工作。现在的媒体，女记者特别多，好像要比男记者多，我觉得挺正常。

最后，在情感方面，我认为女人更具有人性，比男人更是人。我不是说男人不是人，但是，和女人比较，男人身上人性要弱一些。男人身上也有比女人强的东西，是什么呢？一个是兽性，另一个是神性。人身上有三个东西，就是兽性、人性和神性，兽性和神性在两端，人性处在中间。比较而言，男人执于两端，女人取其中间。在男人身上，一方面，兽性很强烈，比如说，性冲动表现得很直接，并且比较好斗，其实在动物界也是这样，应该说这是一种生物学现象。可是，另一方面呢，和女人相比，比较多的男人有所谓的形而上冲动，所谓的终极关切，追求不朽，也就是我说的神性。女人不一样，就兽性而言，她表现得比较温和，动物也是这样，雌兽比雄兽温和。就神性而言，女人不太为所谓终极问题苦恼，她更加关心实际的人生。打一个比方，又可以这样说：在地狱、人间、天国这三样东西中，男人一会儿下地狱，容易悲观，一会儿上天国，容易空想，唯独不肯在人间好好待着。相反，女人是更属于人间，更属于大地的。男人苦苦地寻求家园，女人不寻求，因为她就是家园。在这一点上，我们中国的作家林语堂说过一句非常贴切的话，他说：男人只懂得人生哲学，而女人却懂得人生。

女人的确比男人更懂得人生。在面临人生灾难或者人生重大抉择的时候，我们往往会发现，女人比男人更加理智，也更加沉着。比如说，家里有亲人重病或去世，这时候，慌乱的多半是男人，而女人往往能够迅速地理出头绪，做那些必须做的实际事务。在整个人生态度上，女人也比男人更加正确。男人往往有许多野心，自以为负有高于自然的许多复杂使命，而女人只有一个野心，骨子里总是把爱和生儿育女视为人生最重大的事情。爱和母性是女人的最深刻的本能，许多优秀的女人在事业上非常成功，可是她们仍然感到，做情人、妻子和母亲给她们带来了最大的满足感和成就感。我认为女人在这一点上真是非常英明,给人类指示了正确的方向,因为无论时代怎么变化,生命的核心是不会改变的,爱和生育永远是人类最重要的事业。

常常听人指责女人爱虚荣。的确,女人爱打扮,喜欢逛商场。天下的丈夫在陪太太逛商场方面多半缺乏耐心,我也是这样,我觉得逛商场是最让人疲劳的一件事。可是,女人逛起商场来从不知疲劳,商场是女人的天堂。法国作家左拉有一部小说叫《妇女乐园》,把这一点写得栩栩如生。不过,我还是赞同英国作家萨斯的意见,他说:男人们多么讨厌太太购买服饰时的长久等待,而女人们多么讨厌丈夫购买名声和荣誉时的无尽等待——这种等待往往耗费了她们的大半生光阴!我认为,女人的虚荣是表面的,男人的虚荣却是实质性的。女人的虚荣往往只是一条裙子,一个发型,一场舞会,她们对待整个人生的态度并不虚荣,在家庭、儿女、婚丧等大事上抱着相当实际的态度。相反,男人虚荣起来就不得了,他们要征服世界,扬名四海,流芳百世,为此不惜牺牲掉一生的好光阴。当然,男人和女人的虚荣其实是互相刺激起来的,男人喜欢漂亮的女人,使得女人不能不注意打扮,女人喜欢成功的男人,使得男人不能不建立功业。我觉得,无论男人还是女人,有一点虚荣没什么关系,这种互相的刺激可以使生活增添一些内容和色彩。但是,应该适可而止。我曾经写过一句话:为了生存和虚荣,女人们不妨鼓励自己的男人去竞争,但请记取,好女人能刺激起男人的野心,最好的女人却还能抚平男人的野心。你可以鼓励自己的男人去打天下，但是，你还应该随时准备把他召回来，让他知道，无论他能否打下天下，都有一个温暖的家在等待他归来，因此他能否打下天下也就完全不重要了。如果你逼他一定要打下天下，把他逼死在疆场上，你的虚荣就太过头了。

四　女性引导人类

女性的生命是更贴近永恒的自然之道的。这个说法不是我发明的，我是从男人中两个最伟大的女性主义者那里得出这个说法的。这两个最伟大的女性主义者都是谁呢？一个是我们中国的老子，在我看来，老子是世界历史上最早的女性主义者，他一贯旗帜鲜明地歌颂女性，其中最重要的一句话是："谷神不死，是谓玄牝。玄牝之门，是谓天地根。""谷"，我们常说"虚怀若谷"，"谷"就是虚空的意思，"神"是神秘的意思，"不死"就是永恒，永远不会死，"玄"是玄妙、奇妙，"牝"是女性，"玄牝之门"就是女性生殖器。这句话翻译成白话文，就是：空灵、神秘、永恒，这就是奇妙的女性，女性生殖器是天地的根源。注家一般认为，这句话是用女性来比喻"道"，"道"是老子所认为的世界的永恒本体，世界的神秘本质。因此，在老子看来，女性与道在性质上是最接近的，世界的那个永恒本体是具有女性的性质的。

另一个最伟大的女性主义者是德国的歌德。在歌德的《浮士德》中，有一句最著名的歌颂女性的句子，就是："永恒的女性，引导我们走。"意思是说，唯有女性才能够引导我们走向永恒的境界。所以你看，中国和德国的两个大哲学家——在我眼里，歌德不但是大诗人，也是大哲学家——都把女性看作永恒的象征。

那么，他们为什么都认为女性是永恒的象征呢？这么看有什么根据呢？按照我的理解，根据就是女性的生命更贴近自然之道。为什么说女性的生命更贴近自然之道？因为最重要的自然之道就是孕育——怀孕和生育，自然因此而得以永恒，而孕育正是女性所承担的使命。男人和女人的生命都孕育于女人的子宫，惟有女人能够经历怀孕、分娩、哺乳的过程，在这个过程中获得对生命的最深刻的体验。我自己觉得，身为男人，在这方面存在着先天的缺憾，我们永远无法有孕育的体验。母性是女人最深刻、最伟大的本性，因为孕育，女人用身体感受世界，所以富于感性，也因为孕育，女人与生命有最坚实、最密切的联系，所以富于韧性、包容性、合群性、人性等等，孕育实在是女性身上所有特殊优点的根源。因此，我这样说：大自然把生命孕育和演化的神秘过程安置在女性身体中，此举非同小可，男人当知敬畏，当知谦卑。

现代社会有一种技术化、非人性化的倾向，在这种情况下，许多哲学家都特别强调女性特质对于现代社会的价值。我写过一篇文章，题目就是《女性拯救人类》。女性是永恒的象征，女性特质体现了人类的永恒价值，因而能够帮助我们纠正偏离这些永恒价值的倾向。我在那篇文章里说：女性引导人类，就是要求男性更多地接受女性的熏陶，世界更多地倾听女性的声音，人类更多地具备女性的品格。请允许我用这句话结束今天的讲座。

第四讲　谈孩子

一　为人父母是人生的宝贵体验

现在有一种家庭叫丁克家庭，就是不要孩子，保持一个两人世界。这好像还比较时髦，据统计，在育龄夫妇中占到百分之十，其中白领居多。当然这也是一种进步，表明对自己的生活方式可以有多种多样的选择，无可非议。他们为什么不要孩子呢？理由是为了实现自我的价值，有了孩子，就有了许多干扰，对于事业，对于两人的享受，都是干扰，所以生儿育女会丧失自我。他们认为，中国传统的家庭往往是父母为子女做出牺牲，这种传统生活模式应该改变，他们要为自己活，而不是为孩子活。我觉得这个看法有一定道理，他们说的情况确实是存在的，以前中国的父母的确是大半辈子为儿女劳碌。不过，其实有了孩子也可以不这样，人家西方家庭就不是这样。

孩子会不会影响自我价值的实现呢，包括影响事业，影响两人世界的享受？当然，在一定的时间内，尤其是孩子还很小的时候，这在一定程度上是避免不了的。照料幼小的孩子是很费神的，你在孩子身上花的时间多了，花在事业上的时间就必然会减少。另外，比如说，你们两口子要出门会朋友，或者泡酒吧，家里有很小的孩子，就会比较麻烦。不过，我觉得这是小事，不必太在乎。孩子与事业是不是不可调和呢？我看未必，有一些大文豪，比如中国的梁启超、郭沫若，外国的托尔斯泰、泰戈尔，他们都是多子女的家庭，还不是做出了伟大的成就。至于说实现自我的价值，我觉得自我价值的内涵应该是很丰富的，不仅仅是指外在的成功或者两个人的享受，还应该包括丰富的人生体验。其中，做父母的体验也是重要的内容。如果你始终没有做父母，你的天性中的父性或母性始终没有机会实现，不能不说也是人生的很大缺憾。

回想自己的人生，我觉得人生中有两段时光是幸福感最强烈的。一段是青春期，就是身体刚开始发育的时候，你的眼前突然出现了一个异性世界，男孩子突然发现女孩子那么漂亮，那么可爱，女孩子突然发现男孩子那么帅气，那么深沉，那时候你真觉得世界实在太美好了，人生实在太美好了，你的前面有极其美好的事情在等待着你。另一段就是初为人父人母的日子，你亲自迎接了新生命的到来。我刚做父亲时就是这样，觉得这个事情真是太神奇了，这么一个小生命，和你有着血肉的联系，每天回家都能看见她，她会对着你笑。不过，这种东西是不可言传的，单凭理解力、想象力是无法领会的，必须靠亲身体验，你如果没有亲自经历过，跟你说什么都白说，你都理解不了。我以前也是这样，在没有孩子的时候，我真觉得有没有孩子无所谓，孩子可有可无，各有利弊，没有孩子我还自由呢。其实人都一样，没有孩子时，孩子对于他来说都是抽象的。我遇到过一个出租车司机，我坐他的车，从上车开始，他就没完没了地跟我讲他的孩子，情不自禁地讲，一直讲到我下车。他刚有了一个儿子，才一个月，他那个兴奋呀。他告诉我，以前没有孩子的时候，他最讨厌的就是听人讲自己的孩子，全是那些鸡毛蒜皮的事儿，有什么可讲的。可是，孩子生下来后，他的感觉就全变了。我的感觉也是这样，当时真觉得眼前有了一个全新的世界，我形容是一个新大陆。

孩子会带给我们全新的体验。有些什么体验呢？首先是使我们对爱的体验更深刻了。说到爱，好像我们从小就知道爱是什么，我们小时候被父母爱，长大以后，到了谈恋爱的年龄，我们会爱上某个异性，不过，我们最在乎的还是被爱，她爱我多少，我爱她多少，她爱我是不是不如我爱她，等等，会计较这些。所以，我们从小最擅长、最在乎的不是爱，而是被爱。直到做了父母，我们才真正学会爱。

对孩子的爱有一个特点，就是极其本能，极其强烈，不由自主，不可遏止。当然，对异性的爱有时候也会非常强烈，但总体比较起来，好像还是要弱一些。古希腊哲学家爱比克泰德说过一句话：孩子生了出来，要想不爱他已为时过晚。我说过，对孩子的爱是一种被迫的主动，为什么这样说呢？从这种爱完全是一种本能来说，是被迫的，你要不爱已经不可能了。但是，你又完全是心甘情愿为他付出的，根本不是为了回报，也的确不求回报，所以说又是主动的。同时，我还说这是一种自私的无私，孩子是你自己的，所以说是自私的，但你可以为他做一切，甚至牺牲你自己的一切，所以说又是无私的。当然，这里面有相当的盲目性，如果陷于盲目，可以为孩子牺牲一切，包括你自己，包括天下，这需要我们掌握好分寸，不可太盲目。

我认为，对孩子的爱最鲜明地体现了爱的本质，这个本质就是，爱是给予而不是获得，是奉献而不是索取。其实当爱的本质充分显现的时候，当你爱到极点的时候，你会感到给予本身就是获得，受苦本身就是享乐，牺牲本身就是满足。我自己就感到，为孩子累，再累也甘心，也快乐，给孩子换尿布什么的，多脏的事，可就是觉得有意思，愿意去触摸她的小身体。我们可以看到一个现象，就是父母爱儿女远远胜过儿女爱父母，至少在儿女很小的时候是这样。许多大哲学家讨论过这个现象，为什么会这样呢？古希腊哲学家亚里士多德说：父母与儿女的关系就好比诗人与作品的关系。儿女好像是父母的作品，父母在儿女身上付出了心血，所以有强烈的爱。法国哲学家蒙田说：施惠者对受惠者的爱，远超过受惠者对施惠者。这个意思也和亚里士多德说的差不多，就是作为施惠者的父母在作为受惠者的儿女身上付出了心血，所以蒙田又说：你为之付出最大代价的东西对于你必定是最珍贵的。中世纪哲学家托马斯·阿奎那也说：父母是把儿女当作自身的一部分来爱的。儿女的生命本来就是从父母的生命中分出来的，生下来后，父母又在他们身上耗费了许多光阴，实际上是耗费了一部分生命。这些话的意思都差不多，我归纳他们的意思是：爱是伴随着付出的一份关切，我们总是最爱我们为之倾注了最多心血的对象。当然，我们一旦从对孩子的爱中体验了爱的本质，就不应该把这种体验局限在孩子身上。我曾经听一位朋友讲，她的上司待他们特别严厉，不苟言笑，有了孩子以后，突然变得十分和蔼，好像换了一个人似的。我相信,一个人有了孩子,他的人性中那种慈爱、柔软的东西就可能会复苏。

父性和母性是人性中很重要的部分，这个部分没有得到实现，人性就不完整。人有性本能，也就是生殖本能。在没有孩子的时候，性本能表现为快乐本能，就是两性之间的那种关系，从那种关系中得到快乐。有了孩子，性本能中那个更深刻的东西显现出来了，这就是种族本能，你会发现，原来性本能实质上是种族本能，快乐只是手段，传宗接代、种族延续才是目的，对孩子的爱之所以会这么强烈，父性和母性一旦被唤醒了之所以会这么强烈，原因就在这里。不过，在做父母之前，我们往往不知道这一点，不知道潜藏在我们天性中的父性和母性——

也就是种族本能——竟有这么大的力量，远比快乐本能大。在种族本能的支配下，亲子之爱往往比性爱稳定，当然也专一得多。有一句俗话：老婆是人家的好，孩子是自己的好。反正在性爱上，你是可以有许多选择对象的，你的选择也是可以改变的，在亲子之爱上，你没有选择的自由，你多半也不想改变。另外，性爱毕竟是两个成人之间的关系，必然会带进社会性的因素，比如财产、前途等考虑，不像对孩子的爱那样是纯粹的本能。尤其是对幼崽，那是最纯粹的自然关系，随着孩子长大，社会性因素的比重就会逐渐增加。

我还有一个体会，就是孩子使家更加实在了，两人世界诚然浪漫，但比较轻飘，孩子为家增添了丰富的内容，共同抚育孩子的经历又为爱增添了丰富的内容。我相信许多父母都有这个体会，有了孩子，孩子一旦不在身边，离开得久一些，就会觉得空，不知道做什么好了。我写过这样一段话：“孩子是使家成其为家的根据。没有孩子，家至多是一场有点儿过分认真的爱情游戏。有了孩子，家才有了自身的实质和事业。”我还写过：“男人是天地间的流浪汉，他寻找家园，找到了女人。可是，对于家园，女人有更正确的理解。她知道，接纳了一个流浪汉，还远远不等于建立了一个家园。于是她着手编筑一只摇篮——摇篮才是家园的起点和核心。在摇篮四周，和摇篮里的婴儿一起，真正的家园生长起来了。”这些都是我的真切感受。

孩子带给我们的体验，还有一点是使我们对生命的体验更深刻了。当然，我们每个人是一个生命，但是，随着我们长大，到这个功利世界里去奋斗，我们对生命的感觉就越来越迟钝，越来越麻木了。孩子的出生给我们提供了一个机会，面对一个全新的生命，我们看着他长大，看着生命的奇迹在眼前一点点地展现，我们就有可能复苏对生命的敏锐感觉。

我曾经写过一段话，表达孩子让我感受到的生命的神秘：

“我曾经无数次地思考神秘，但神秘始终在我之外，不可捉摸。

“自从妈妈怀了你，像完成一个庄严的使命，耐心地孕育着你，肚子一天天骄傲地膨大，我觉得神秘就在我的眼前。

“你诞生了，世界发生了奇妙的变化，一个有你存在的世界是一个全新的世界，我觉得我已经置身于神秘之中……”

孕育和诞生是人所能够亲历的最神秘的事。我常常感到不可思议，新生命的诞生与那个渺小的原因，也就是做了一场爱究竟有什么联系，两者究竟有什么共同之处。不，新生命的诞生必定另有来源。其实这不只是我一个人的感受。泰戈尔在做了父亲以后，为孩子写了许多诗，写他面对孩子时的神秘之感。其中有一句这样写：“当我凝视你的脸蛋时，神秘之感淹没了我；你这属于一切人的，竟成了我的。”纪伯伦也写过：“孩子是借你们而来，却不是从你们而来。”是的，父母只是新生命诞生的一个工具，而不是来源，生命一定有着神圣的来源。每当我看着婴儿的纯净得出奇的眼睛，我真的感到孩子是从天国来的，是从一个永恒的地方来的，所以我说孩子是来自永恒的使者。

养育小生命是人生中的一段神圣时光，每天都会给你带来新的惊喜。我曾经有一个特别大的遗憾，就是人不能看到自己小时候的样子。一般来说，一个人的记忆是从三岁开始的，三岁以前自己是什么样子，就全忘记了。现在，有了孩子，就得到了一个弥补，你仿佛从孩子身上看到了自己从出生开始的生长的全过程。小生命的生长真的给人带来极大的快乐，你看见她能认出你来了，看见她会对你笑了，看见她咿呀学语了，看见她会喊你爸爸、喊你妈妈了，在所有这些时候，你都会惊喜，这种快乐是任何别的东西都不能代替的。关于这种体验，我曾经写道:“养育小生命或许是世上最妙不可言的一种体验了。小的就是好的，小生命的一颦一笑都那么可爱，交流和成长的每一个新征兆都叫人那样惊喜不已。一个人无论见过多大世面，从事多大事业，在初当父母的日子里，都不能不感到自己面前突然打开了一个全新的世界。小生命丰富了大心胸。生命是一个奇迹，可是，倘若不是养育过小生命，对此怎能有真切的领悟呢? ”

我还有一个体会，就是有了孩子以后，与人生、与世界的联系更紧密了。因为孩子的存在,你会更加热爱人生、眷恋人生，你希望自己能够活得长一些，有更多的日子和孩子做伴。因为孩子的存在，你也会更加关心这个世界了，因为世界就是你的孩子的住宅，你希望你的孩子有一个好的居住环境，你确实感到世界与你更加息息相关了。

二　父母与孩子的正确关系

父母与孩子应该是一种怎样的关系？父母与孩子之间的正确关系应该是怎样的？我想首先强调一点，就是父母应该向孩子学习。有一种特别普遍的错误观念，就是认为孩子什么都不懂，一切都要向大人学，大人是孩子的天然的老师，与此同时呢，又认为大人无须向孩子学任何东西。在我看来，这是极大的迷误，抱这种看法的大人是最愚蠢的大人。你这样看问题，你一定会错过许多非常宝贵的东西。

在智力方面，和孩子相比，大人占优势的是什么？是经验和知识，他比孩子有经验，他的知识比孩子多。但是，我认为，在智力的品质中，最重要的不是经验、知识，而是好奇心、感受性和想象力，而在这些方面，孩子远远优于大人。孩子不受习惯、传统观念、成见的支配，因为他头脑里还没有这些东西，他完全是用自己的真实的感官去感知世界，用好像是一片空白、其实还没有受到污染的大脑去想事情，他看世界的眼光是全新的。人长大以后，感官就不可避免地会受到磨损，头脑里也会积累起许多成见。所以，大人要善于体会孩子看世界的眼光，注意听他们说的那些话，学习用孩子的眼光看世界，这样你就能更新自己对世界的感觉，重新发现作为一个大人早已遗忘了的、靠自己也不能再发现的世界中的那些美和有趣。你就会发现世界非常美好，不像光用大人的眼光看，只看到一个功利的世界，日程排得满满的，今天干什么事，明天干什么事，甚为无趣。其实世界本来不是这样的，用孩子的眼光看，也就是用生命本来的眼光看，世界是很美好的。

我可以举我的女儿的例子，她现在六岁，从她开始说话，我就喜欢把她说的有意思的话记下来，她对这也习惯了，她说了一句什么话，我夸奖她，她就会说爸爸你快记下来。所以我说我是我的女儿的秘书，在给她当秘书的过程中，我真感到受益匪浅，学到了很多东西。我发现孩子在不同的年龄，智力的表现很不一样。她三岁半的时候，很有想象力，有许多灵感，语言也很美，是一个诗人。比如说，有一回，屋外刮大风，听上去像尖叫声，我说:“真可怕。”她马上说:“像有人掐它似的。”还有一回，到十三陵郊游，她特别高兴，举着自己采的蒲公英，说:“我的手是花瓶。”又对她妈妈说:“妈妈，我是谱子，你来唱我吧。”到了五岁，好奇心更突出了，成了一个哲学家。一次她玩电子琴，用按钮调节，电子琴会发出各种不同乐器的声音，萨克斯管、手风琴、钢琴等等，她突然问：电子琴本来的声音是什么呢？这是追问本体，一个典型的哲学问题。

不但在智力品质上，而且在心灵品质上，大人也可以从孩子身上学到许多东西。大人往往世故,功利,做事情从利益出发，相反，孩子是有真性情的，做事情都是从兴趣出发。泰戈尔有一首诗，写他看见孩子坐在泥土里玩树枝，就联想到自己整天忙于写作，用孩子的眼光看，自己是在玩多么无趣的游戏。这也是我常有的感受，虽然我喜欢写作，但许多时候已经不是真正出于兴趣，而是出于职业性习惯，有时候是应付约稿或受人之托。我深切感到，应该向孩子学习，只做自己喜欢的事，只和自己喜欢的人来往，任何时候不要为了利益而委屈自己。

和孩子的正确关系，另外一点就是要和孩子平等相处。我觉得一个人做父母做得怎样，最能表明这个人的人格、素质和教养。一个文明人最重要的品质是人的尊严，就是尊重自己，也尊重他人。对孩子也是这样，要尊重孩子。你要知道，孩子也是一个灵魂啊，就像纪伯伦说的，孩子只是借你们而来，并不属于你们。你们只是一个载体，大自然把你们用作工具把孩子生了出来，你们只是生了他的身体，灵魂不是你们生的，形象地说，是从上帝那里来的，附着在了这个身体上。随着他的生长,他就会逐渐显现出来是一个独立的灵魂,一个独立的人格。所以，纪伯伦接着说，你们可以给他们爱，不可以给他们思想，因为他们有自己的思想。

在我看来，做孩子的朋友，孩子也肯把你当作他的朋友，这是做父母的最高境界，也是最大的成功。朋友关系最大的特点就是平等，有事情互相商量，不是谁说了算。一个家庭里，夫妇之间，父母和孩子之间，形成这样一种平等讨论和交流的氛围，这非常重要，也非常美好，大家都心情舒畅。在这样的氛围中，孩子会养成自信、自尊、独立精神等品质，也会养成尊重和信任他人、讲道理、合作精神等品质。我在家里就是这样，凡是孩子自己的事，就和她商量，决定权在她，不过要让她知道，第一要讲道理，不能不讲道理乱来，第二要对自己的决定负责，错了就改正，不能怪别人。我还想强调一点，就是要尊重孩子的隐私，比如说她写日记，她不想让你看，你就不要看，包括不能偷看。尤其孩子大了，慢慢地会有自己的一些小秘密，那是她心灵生长的空间，你不可擅自闯入。许多家长有偷看孩子日记的恶习，自以为是在关心孩子，实际上是极不礼貌、极不尊重孩子的行为，往往给孩子的心灵带来创伤，孩子会因此而不信任你、防备你、甚至恨你。

做父母的最大成功是成为孩子的朋友，最大失败是什么呢？我认为不是成为孩子的对手和敌人，被孩子视为对手和敌人，而是被孩子视为上司或奴仆。成为孩子的对手和敌人，互相之间有一种紧张的关系，这当然也不好，但是，有时候这会产生某种好的结果，就是刺激孩子的独立成长。相反，被孩子看作上司或奴仆，这种状态有百害而无一利。可是，在中国的家庭里，这种状态偏偏是最常见的。许多家长实际上既是孩子的上司，又是孩子的奴仆，是这种最可悲的双重身份。一方面溺爱孩子，把孩子当宠物，甘于为孩子当牛做马。另一方面又对孩子寄予厚望，已经不是望子成龙了，是逼子成龙，逼着孩子上这个班那个班，逼着孩子拿好成绩考好学校。当然，造成这种情况，现在的教育体制要负重要责任，但是正是通过这些糊涂家长，他们的子女才成了今天教育体制的最严重受害者。溺爱是一种动物性，那是最容易的，难的是赋予亲子之爱以精神性的品格。溺爱的结果是使孩子失去能力，功利性寄予厚望的结果是给孩子造成巨大压力，两者合起来，宠物变成了外强中干的小皇帝。

三 如何教育孩子

这个问题很大，因为时间关系，我就提示一下，不展开来讲了。

在教育学上，对于儿童教育，历来有两种对立的观点。一种是把孩子看作尚未长大的成人，儿童教育的全部目标是为将来做准备，让孩子掌握知识，将来可以谋一个好职业，学习规范，将来能够适应社会。另一种认为孩子就是孩子，儿童期本身具有价值，教育的目标是实现这种价值，使孩子有一个幸福的童年，身心健康地生长，以此为一生的幸福和发展打下良好的基础。这两种观点都承认儿童期对于一生是很重要的，分歧在于前一种观点只用单一的社会尺度衡量教育，后一种更重视人生尺度，着眼于整个人生包括儿童期本身的幸福和生活意义。我本人认为，后一种观点是对的，有利于孩子人格的健全生长，而在事实上，即使用社会尺度衡量，人格健全的人也一定能更好地适应社会，做出成就。

遗憾的是，我们现在对孩子的教育完全受前一种观点的支配，从学校到家长基本都如此，当然，原因在于现行教育体制的急功近利特征和应试机制。由此造成中国孩子的问题，第一是不幸福，第二是智力朝实用方向片面发展，智力的根本要素比如好奇心、创造力等受压抑，第三是缺乏独立性。

先说第一点。幸福本来应该是教育是否成功的第一标准，快乐的孩子自信，对生活有信心，人格健全，这些品质是一生幸福的基础。相反，如果在儿童期不幸福，后患无穷，一生的幸福都会发生问题。可是，看看现在的孩子们，他们从小就在为将来的高考做准备，背着沉重的书包，每天要做大量作业，还要学各种班，完全没有玩的时间。现在很多人在问，是谁夺走了孩子们的幸福，我看很清楚，就是这个教育体制。不过，我认为在这个教育体制下，做家长的未必是无能为力的，关键是你要有清醒的认识，不说与这个体制抗争吧，你至少可以尽量保护你的孩子，减少这个体制对你的孩子的危害。同一个体制，不同的家长，孩子的命运有很大的差异。我不是为这个体制辩护，这个体制当然一定要改。反正我不让孩子学这个班那个班，并且引导她不把考试成绩看得太重要，始终把她的愉快放在第一位。我经常和她一起玩，我相信好的父母一定是孩子的好玩伴。对于孩子的将来，要有平常心，身心健康和平安是最重要的，至于将来做什么，有没有成就，完全不必操心，一切顺其自然。

其次，在智力发展上，智力的根本要素不是知识、技能，而是心智的活泼和敏锐，表现为好奇心、求知欲、兴趣等等，这些品质是主动学习的强大动力，使学习成为最大的快乐。其实，这些品质是天生的，每个孩子都有这些天赋，重要的是做老师和家长的要善于发现、鼓励、引导，为它们的生长提供良好环境，至少不要损害、扼杀它们。从我的孩子认字的过程中，我对此深有体会。一开始，她妈妈每天晚上拿着书给她念一篇故事，有一回她指着书好奇地问："这上面都是字，故事在哪里？"后来，她通过认马路上的招牌、电视上的字幕认识一些字了，有一天早晨，我突然发现她拿着妈妈昨天晚上念的那一篇故事，自己在那里念。其实她还有许多字不认识，但是，这成了她的习惯，她认识的字就越来越多了。直到有一天，她对妈妈说："你不要再给我读了，这样我自己读的时候就觉得没意思了。"原来，像《格林童话》《安徒生童话》《骑鹅旅行记》一类的书，她自己基本上都能读了，而当时她还没有上小学。这说明什么？说明学习是一个主动行为，许多东西不是教出来的，是自己学会的，教育不是把知识灌输进一个空容器，而是既有禀赋的生长。可是，我们的教育往往与此背道而驰，把最不重要的事就是知识的灌输看得无比重要，对最重要的事就是保护好奇心和求知欲则完全不放在眼里，更不放在心上，这是非常可悲的。

最后，中国的孩子大约是世界上最没有独立性的孩子，大小事都依赖父母。当然，这肯定不是天生如此，而完全是教育的结果。中国的父母往往恨不能把孩子的一生都安排好，不管有没有条件，都要让他们受最好的教育，过最好的生活。所谓“最好”，无非是上名校啊，送出国啊，可是一出国就露馅，完全不能独立生活。这种做法貌似深谋远虑，实则目光极其短浅。我认为，最好的教育应该是正确的教育，就是使孩子具备真实的能力和健康的生活态度，将来既能够自己去争取幸福，又能够承受人生必然会有的磨难和痛苦，这样做才是真正深谋远虑，才是真正爱孩子，才是对他的一生负责。

（以上四次讲座为中央电视台“百家讲坛”妇女节特别节目，2004年12月录制，2005年3月播出，内容做了增补和修改。）